高等职业教育计算机类专业新型一体化教

HTML5+CSS3 响应式网站开发项目案例教程

于晓霞 主编

電子工業出版社
Publishing House of Electronics Industry
北京 • BEIJING

内 容 简 介

本书主要面向高等职业院校计算机类专业，以及有前端开发课程的相关专业，可以作为“1+X”Web前端开发考证中 HTML5 内容的参考用书。本书内容以真实项目“青年帮”响应式网站为主线，以“码工助手”“17 素材”等真实网站为拓展，主要以案例的形式讲解 HTML5 常用的语义化结构标签，新增其他标签，音频和视频标签，新增的表单功能及其验证属性。CSS3 网页中的细节设计包括圆角、边框阴影、渐变、多重背景等，还包括自定义字体和图标文字、CSS3 过渡效果、CSS3 2D 效果、CSS3 3D 效果、CSS3 动画效果，以及响应式网站的搭建。

本书由教学工作经验丰富的资深教师编写而成，每个案例均提供微课、素材和源代码，读者进入课程平台可观看视频和查看源代码。对中山职业技术学院学生的调查结果显示，学生通过观看视频可以有效自主完成课程中布置的学习任务。

图书在版编目（CIP）数据

HTML5+CSS3 响应式网站开发项目案例教程 / 于晓霞主编. —北京：电子工业出版社，2021.1（2024.7 重印）
ISBN 978-7-121-39981-7

Ⅰ. ①H… Ⅱ. ①于… Ⅲ. ①超文本标记语言—程序设计—高等职业教育—教材 ②网页制作工具—高等职业教育—教材 Ⅳ. ①TP312 ②TP393.092

中国版本图书馆 CIP 数据核字（2020）第 227994 号

责任编辑：李 静　　　　特约编辑：田学清
印　　刷：北京七彩京通数码快印有限公司
装　　订：北京七彩京通数码快印有限公司
出版发行：电子工业出版社
　　　　　北京市海淀区万寿路 173 信箱　邮编：100036
开　　本：787×1092　1/16　印张：9　字数：207.2 千字
版　　次：2021 年 1 月第 1 版
印　　次：2024 年 7 月第 3 次印刷
定　　价：29.80 元

凡所购买电子工业出版社图书有缺损问题，请向购买书店调换。若书店售缺，请与本社发行部联系，联系及邮购电话：（010）88254888，88258888。

质量投诉请发邮件至 zlts@phei.com.cn，盗版侵权举报请发邮件至 dbqq@phei.com.cn。

本书咨询联系方式：（010）88254604，lijing@phei.com.cn。

前言

随着互联网行业的发展，大中型互联网公司的网站开发岗位对前端开发工程师的需求大增。而HTML5+CSS3响应式网站开发技术是目前非常流行的Web前端开发技术，也是目前各高校计算机类专业及有前端开发课程的相关专业必修的技能课程。通过阅读本书，读者应能够迅速理解和掌握新一代的Web标准HTML5所涵盖的核心技术，熟练掌握CSS3的基本语法和应用，以及HTML5的新特性。培养学生根据用户需求，按照最优化的程序设计规范，制作响应式网站。

本书分为九个单元。单元一主要介绍HTML5常用的语义化结构标签和其他标签，通过"【基本项目】使用HTML5构建个人博客网站首页"和"【应用项目】仿Ghost开源博客平台的内容页面"，帮助读者理解和掌握HTML5语义化结构标签的用法。单元二通过"【基本项目】使用HTML5新增表单功能制作注册表单"和"【应用项目】为注册表单添加用户体验的验证信息"，帮助读者理解和掌握表单新增标签和属性。单元三通过16个经典案例项目，帮助读者理解和掌握圆角、边框阴影、渐变、背景图片的大小、背景图片的定位、多重背景、文字阴影属性。单元四通过经典案例，使读者熟练掌握网站中的各种字体和图标文字的应用效果。单元五～单元八模仿真实网站中常见的网站特效，使读者理解并熟练应用网站中常见的各种特效。单元九主要介绍CSS3媒体查询，模仿网络上的真实响应式网站，使读者能够轻松掌握并完成各种响应式网站的制作。

本书内容以真实网站为主线，按照"小案例+拓展案例+实战应用"的方式，以及由浅入深、循序渐进的思路进行讲解，帮助读者理解和掌握所学的知识。本书所有案例已经被踏得网收录和分享，视频资源已被访问五万余次。

本书由于晓霞担任主编，参与编写并为本书提供丰富素材资源的有程响林、刘良方、陈宁凡、沈志刚。衷心希望每位读者可以从本书获益。

虽然编者对本书所有内容都进行了核实，并多次校对，但因时间有限，本书可能存在疏漏和不足之处，恳请读者批评与指正。如果读者在阅读本书过程中遇到困难或疑惑，请发邮件至77374325@qq.com，我们会尽快解答。

目录

单元一 HTML5 构建网站结构

案例视频资源

教学导航

知识技能目标

- 了解 HTML5 新增主体结构标签。
- 会使用 HTML5 主体结构标签布局页面。

教学案例

【基本项目】使用 HTML5 构建个人博客网站首页。

【应用项目】仿 Ghost 开源博客平台的内容页面。

重点知识

HTML5 语义化结构标签。

【基本项目】使用 HTML5 构建个人博客网站首页

[项目描述]

对于个人博客网站，读者应该都不陌生，学过 HTML+CSS 网页设计与制作基础课程的读者应该对个人博客网站首页的页面结构比较熟悉。

个人博客，即“网络日志”，是一种“表达个人思想、网络链接、内容，按照时间顺序排列，并且不断更新内容”的方式。简单地说，博客是一类习惯在网上写日记的人。个人博客是网络时代的个人“读者文摘”，是以链接为“武器”的网络日记，代表着新的生活方式和工作方式，更代表着新的学习方式。博客是使用特定的软件，在网络上出版、发表和张贴个人文章的人。

本项目主要使用 HTML5 新增的语义化结构标签构建一个经典的个人博客网站首页。与此同时，通过本项目来回顾一下 CSS 和 HTML 的基础知识。页面效果如图 1-1 所示。

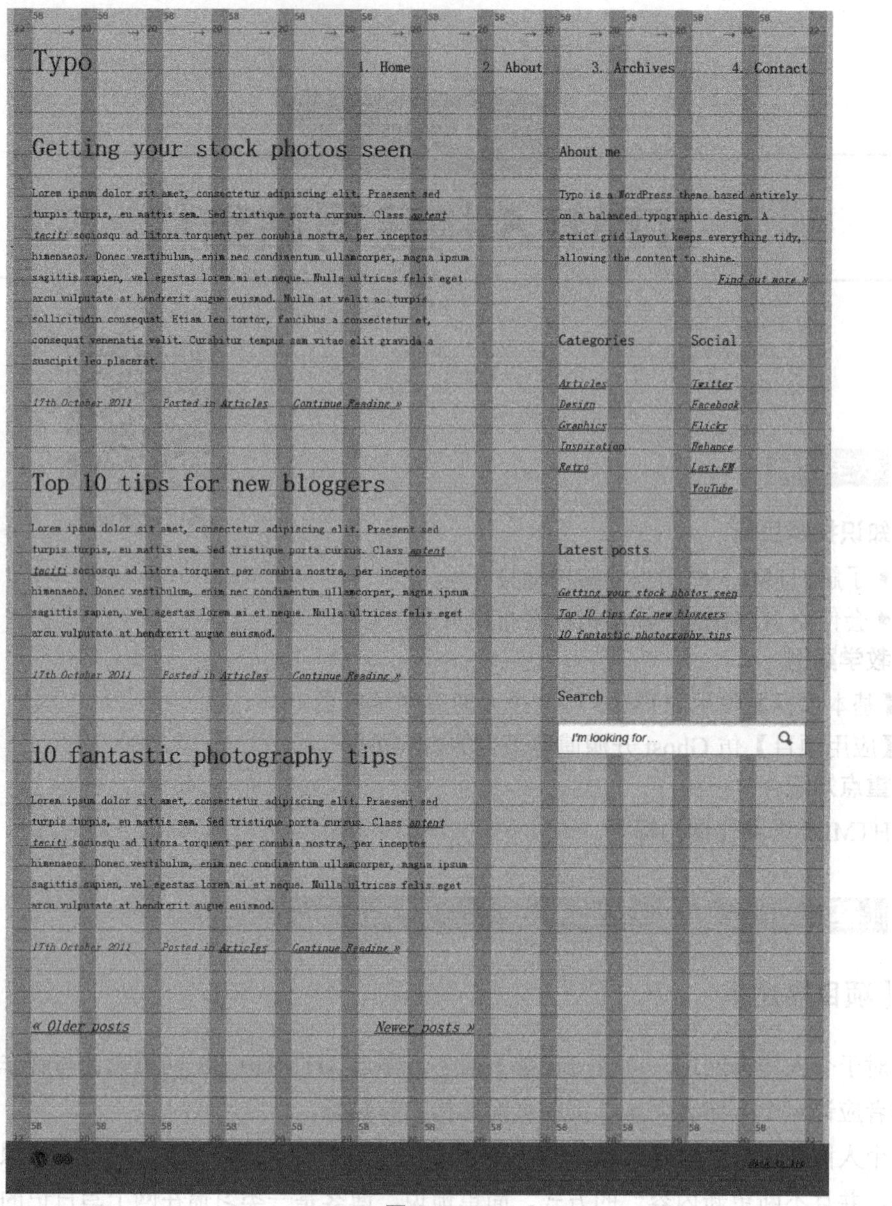

图 1-1

[前导知识]

1. 常用的 HTML5 语义化结构标签

在以前的 HTML 页面中，用户基本上使用 DIV+CSS 的布局方式。而搜索引擎在抓取页面内容时，它只能猜测你的某个 DIV 内的内容是文章内容容器、导航模块容器，还是作者介绍容器等。也就是说，整个 HTML 文档结构定义不清晰。因此，HTML5 为了解决这个问题，专门添加了页眉、页脚、导航、文章内容等与结构相关的结构元素标签。在网页结构上，标签的定义与使用更加语义化，让搜索引擎及工程师可以更快速地理解当前网页的整个重心所在。

常用的 HTML5 语义化结构标签如表 1-1 所示。

表 1-1

语义化结构标签	说　明
header	定义文档的页眉（介绍信息）
nav	定义导航链接的部分
section	定义文档中的节（section、区段），如章节、页眉、页脚或文档中的其他部分
article	定义独立的自包含内容。 独立的内容可以是来自一个外部的新闻提供者的一篇新的文章，也可以是来自博客的文本，还可以是来自论坛的文本，甚至可以来自其他外部源内容
aside	定义其所处内容之外的内容。aside 的内容应该与附近的内容相关。例如，页面侧边栏、广告、友情链接、文章引语（内容摘要）
footer	定义文档或节的页脚。 页脚通常包含文档的作者、版权信息、使用条款链接、联系信息等。 可以在一个文档中使用多个 footer 元素
hgroup	对网页或区段 section 的标题元素（h1～h6）进行组合
figure	标签规定的独立的流内容（图像、图表、照片、代码等）

2. 常见的 HTML5 页面结构布局

常见的 HTML5 页面结构如图 1-2 所示。

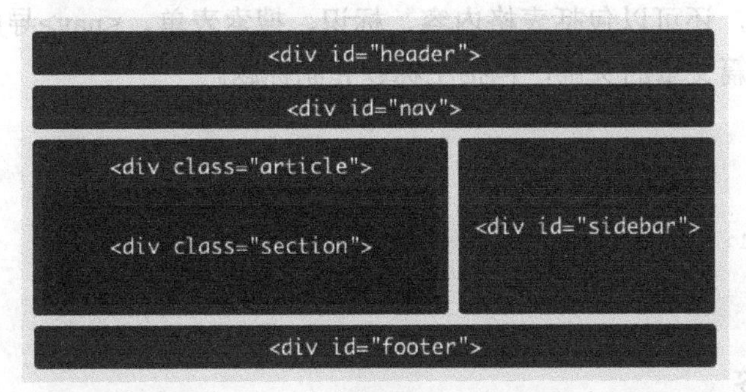

图 1-2

从图 1-2 中可以非常清晰地看到一个普通的页面结构，有头部、导航、文章内容，还有附着的右边栏、底部模块，该页面结构是通过 class 进行区分的，并通过不同的 CSS 样式来处理。但 class 不是通用的标准规范，搜索引擎只能去猜测某部分的功能。

HTML5 新增的语义化结构标签带来的新的布局如图 1-3 所示。HTML5 新增的语义化结构标签使页面结构和内容十分清晰。

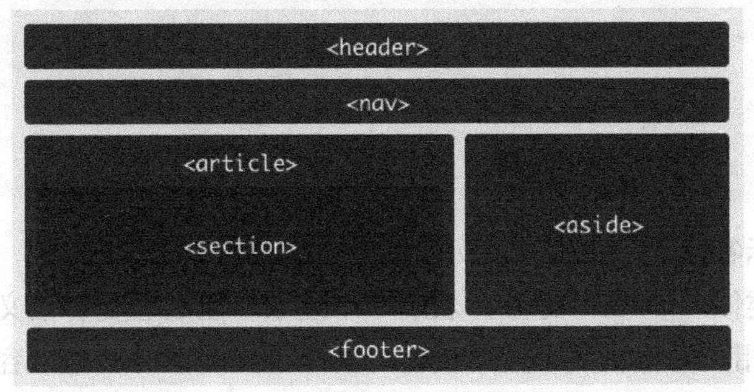

图 1-3

3. 常见的 HTML5 语义化结构标签布局页面结构实现代码

如图 1-3 所示的常见页面结构对应的 HTML5 结构代码如下。

```
<body>
  <header>...</header>
  <nav>...</nav>
  <article>
    <section>
    ...
    </section>
  </article>
  <aside>...</aside>
  <footer>...</footer>
</body>
```

4. HTML5 语义化结构标签的用法

有了上面的基础认知后，下面分别介绍 HTML5 中相关的语义化结构标签。

（1）<header>标签

<header>标签用于定义文档的页眉，通常是一些导航信息。它不仅可以写在网页头部，也可以写在网页内容中。

通常，<header>标签至少包含（但不局限于）一个标题标签（<h1>～<h6>），也可以包括<hgroup>标签，还可以包括表格内容、标识、搜索表单、<nav>导航等。例如，下面的一段代码表示一篇文章的头部，包括主标题和副标题。

```
<header>
  <hgroup>
    <h1>网站标题</h1>
    <h1>网站副标题</h1>
  </hgroup>
</header>
```

（2）<nav>标签

<nav>标签代表页面的一个模块，可以作为页面导航的一个链接组，其中的导航元素可以链接到其他页面或者当前页面的其他部分，使 HTML 代码在语义化方面更加精确，对于屏幕阅读器等设备的支持也更好。下面的代码是一个博客网站的导航条，其中的元素分别是博客首页、博文列表、资源下载、联系我们。

```
<nav>
  <ul>
    <li>博客首页</li>
    <li>博文列表</li>
    <li>资源下载</li>
    <li>联系我们</li>
  </ul>
</nav>
```

（3）<article>标签

<article>标签类似一个<div>标签，表示一个区域，但是它更有语义的作用，它代表一个独立的、完整的相关内容块或者文章块，可独立于页面中的其他内容使用。例如，一篇完整的论坛帖子、一篇博客文章、一个用户评论等。

一般来说，<article>标签包含标题部分、内容部分和尾部，通常标题包含在<header>标签内，尾部包含在<footer>标签内。

<article>标签可以嵌套，内层的<article>标签对外层的<article>标签有隶属关系。例如，一篇博客文章，可以用<article>标签显示，然后一些评论可以以<article>标签的形式嵌入其中。下面的代码是一篇文章，包含文章标题（主标题和副标题）、发表日期、文章内容和文章的尾部（点赞和分享地址）。

```
<article>
  <header>
  <hgroup>
    <h1>这是一篇介绍 HTML5 结构标签的文章</h1>
    <h2>HTML5 的革新</h2>
  </hgroup>
    <time datetime="2011-03-20">2011-03-20</time>
  </header>
    <p>文章内容详情</p>
    <footer><div>点赞</div><div>分享地址：http://www.myblog.com</div></footer>
</article>
```

（4）<section>标签

<section>标签类似于一个<div>标签，表示一个区域，但是它更有语义的作用，用于定义文档中的节，如章节、页眉、页脚或文档中的其他部分。它用来表现普通的文档内容或应用区块，通常由内容及其标题组成。但<section>标签并非一个普通的容器元素，它表示一段专题性的内容，一般会带有标题。

当页面结构有一定的文章语义，如包含头部、内容和尾部的时候，一般建议使用<article>标签而非<section>标签；当页面结构有独立的区域语义时，可以使用<section>标签。但是，当我们使用<section>标签时，如果这部分内容的容器需要被直接定义样式或通过脚本定义行为，则建议使用<div>标签而非<section>标签。也就是说，使用<section>标签，可以让内容更加有语义，表示这部分内容是一个整体，但是如果需要对这个整体（也就是这个区域）进行样式定义，则建议在<section>标签中嵌套一个<div>标签，并对这个<div>标签进行定义。下面的代码是一个博文列表模块，包含两篇文章。整个文章区域使用<section>标签，两篇文章分别用<article>标签，并在<section>标签中嵌套<div>标签来定义整个容器区域的大小等样式。

```
<section>
  <div>
  <article>
  <header>
    <h1>博文标题一</h1>
  <header>
    <p>文章内容</p>
    <footer><time>2019-12-12</time><a>阅读更多</a></footer>
  </article>
  <article>
  <header>
    <h1>博文标题二</h1>
  <header>
    <p>文章内容</p>
    <footer><time>2019-12-12</time><a>阅读更多</a></footer>
```

```
  </article>
  </div>
</section>
```

（5）<aside>标签

<aside>标签用来装载非正文的内容，被视为页面中的一个单独部分。它包含的内容与页面的主要内容是分开的，可以被删除，删除后不会影响网页的内容、章节或页面所要传达的信息，如广告、成组的链接、侧边栏等。下面的代码是侧边栏，包括热门文章、最新文章两个模块。

```
<aside>
  <section>
    <h1>热门文章</h1>
  <ul>
    <li><a>热门文章标题一</a></li>
    <li><a>热门文章标题二</a></li>
    <li><a>热门文章标题三</a></li>
  </ul>
  </section>
  <section>
    <h1>最新文章</h1>
  <ul>
    <li><a>最新文章标题一</a></li>
    <li><a>最新文章标题二</a></li>
    <li><a>最新文章标题三</a></li>
  </ul>
  </section>
</aside>
```

（6）<footer>标签

<footer>标签用于定义页脚，包含与页面、文章或部分内容有关的信息，如文章的作者或者发表日期。作为页面的页脚时，其一般包含版权、相关文件和链接。它和<header>标签的使用方式基本一样，可以在一个页面中被多次使用。如果在一个区段的后面加入<footer>标签，那么它就相当于该区段的页脚了。下面的代码是一个页面结构的尾部。

```
<footer>
COPYRIGHT@前端工作室
</footer>
```

（7）<hgroup>标签

<hgroup>标签用于对网页或区段的标题元素（h1～h6）进行组合。例如，在一个区段中包含连续的 h 系列的标题元素，则可以用<hgroup>标签将它们括起来。下面的代码是一个包含主标题和副标题的文章。

```
<hgroup>
  <h1>这是一篇介绍 HTML5 结构标签的文章</h1>
  <h2>HTML5 的革新</h2>
</hgroup>
```

（8）<figure>标签

<figure>标签用于对图片和文字元素进行组合，多用于图片与图片描述的组合。下面的代码是一张图片和图片信息描述的结构。

```
<figure>
  <img src="img.gif" alt="figure 标签"  title="figure 标签" />
  <figcaption>本图片引用百度图片库</figcaption>
</figure>
```

图 1-3 列举了一种常见的页面结构，另一种常见的页面结构如图 1-4 所示。

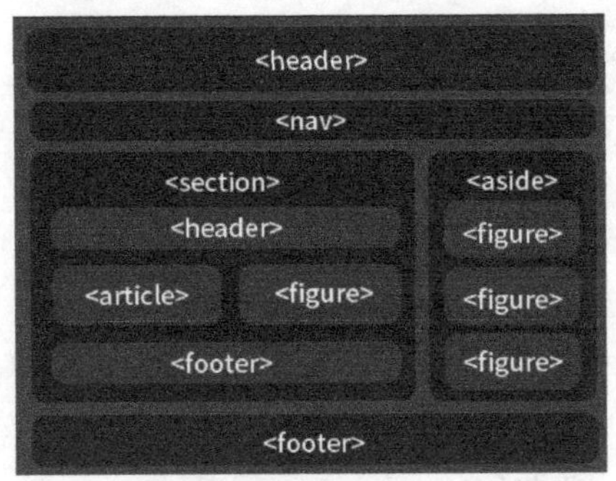

图 1-4

[项目分析]

页面结构分析：

有了前导知识作为铺垫，接下来我们分析个人博客网站首页的页面结构，如图 1-5 所示。

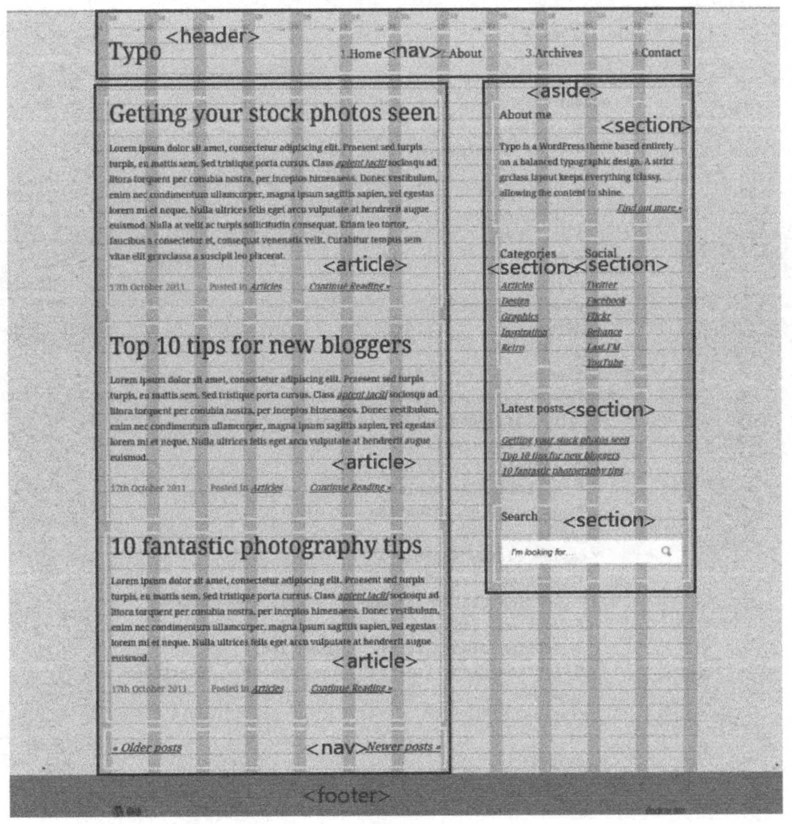

图 1-5

[代码实现]

1. HTML 结构代码

HTML 框架结构代码如图 1-6 所示。

```
<html>
 ▶<head>…</head>
 ▼<body>
   ▼<div class="wrapper">
     ▼<header>
       ▶<h1>…</h1>
       ▶<nav role="navigation">…</nav>
         ::after
       </header>
     ▼<section>
       ▼<div class="container">
         ▶<div class="content" role="main">…</div>
         ▶<aside class="sidebar">…</aside>
           ::after
         </div>
       </section>
     </div>
   ▶<footer>…</footer>
   </body>
</html>
```

图 1-6

HTML 详细结构代码如图 1-7 所示。

```
<html>
 ▶<head>…</head>
 ▼<body>
   ▼<div class="wrapper">
     ▼<header>
       ▶<h1>…</h1>
       ▼<nav role="navigation">
         ▼<ul>
           ▶<li>…</li>
           ▶<li>…</li>
           ▶<li>…</li>
           ▶<li>…</li>
           </ul>
         </nav>
         ::after
       </header>
     ▼<section>
       ▼<div class="container">
         ▼<div class="content" role="main">
           ▶<article>…</article>
           ▶<article>…</article>
           ▶<article>…</article>
           ▶<nav class="pagination">…</nav>
           </div>
         ▼<aside class="sidebar">
           ▶<section class="about">…</section>
           ▶<section class="categories">…</section>
           ▶<section class="social">…</section>
           ▶<section class="latest">…</section>
           ▶<section class="search" role="search">…</section>
           </aside>
           ::after
         </div>
       </section>
     </div>
   ▶<footer>…</footer>
   </body>
</html>
```

图 1-7

2. CSS 样式代码

由于版面篇幅限制，这里只分析和描述 CSS3 部分样式实现的步骤。

样式步骤说明：样式设置遵循的原则是先重置，再整体，最后细节，即先大后小的原则。

```
/*步骤一：重置样式*/
*{
    padding:0px;
    margin:0px;
}
/*步骤二：整体外观样式的设置*/
body{
    background: url(../images/bg1.jpg);
    font-family: 'Droid Serif', serif;
    font-size: 14px;
    line-height:24px;
    color:#666;

}
a{
    color:#4b7ea9;
    font-style: italic;
}
a:hover{
    color:105896;
}
.wrapper{
width:916px;
margin: 0 auto;
padding:48px 22px 0px 22px;
background: url(../images/grid.jpg);
}
/*步骤三：header 样式的设置*/
/*步骤四：content 样式的设置*/
/*步骤五：aside 样式的设置*/
/*步骤六：footer 样式的设置*/
footer{
    background: rgba(0,0,0,0.2);
}
.footer-container{
width:916px;
margin: 0 auto;
padding:48px 22px 0px 22px;
}
.credits{
    float:left;
    list-style: none;
}
.credits li{
    display: inline-block;
}
```

```
.credits li.wordpress a{
    display: block;
    width:20px;
    height:20px;
    background: url(../images/credits.png) no-repeat 0 0;
    text-indent: -9999px;
}
.credits li.spoongraphics a{
    display: block;
    width:25px;
    height:20px;
    background: url(../images/credits.png) no-repeat -30px 0;
    text-indent: -9999px;
}

.back-top{
    float: right;
    font-size: 12px;
}
.footer-container::after{
    content:"";
    clear:both;
    display: block;
}

}
```

[项目总结]

本项目主要练习的知识点是回顾 DIV+CSS 布局页面的基础及使用 HTML5 语义化结构标签构建页面结构。

建议读者在使用 HTML5 语义化结构标签构建页面结构之前，先使用 DIV+CSS 把页面结构搭建好并写好样式，再使用新增的 HTML5 语义化结构标签进行改写。按照该思路，完成本项目的编码。本项目没有使用<hgroup>和<figure>等标签，是为了让读者可以更清晰地掌握 HTML5 常用的语义化结构标签，避免因代码复杂而产生误区。在了解了本项目的实现后，读者可以尝试完成后面的应用项目。

【应用项目】仿 Ghost 开源博客平台的内容页面

[项目描述]

为了巩固读者所学的知识，我们把 Ghost 网站内容页面进行了简化处理，请读者根据已经掌握的 HTML5 语义化结构标签的知识，完成 Ghost 网站的内容页面的制作。页面效果如图 1-8 所示。

图 1-8

[项目分析]

页面结构分析：

有了前导知识作为铺垫，接下来我们分析 Ghost 网站页面，页面结构如图 1-9 所示。

[代码实现]

1. HTML 结构代码

HTML 框架结构代码如图 1-10 所示。

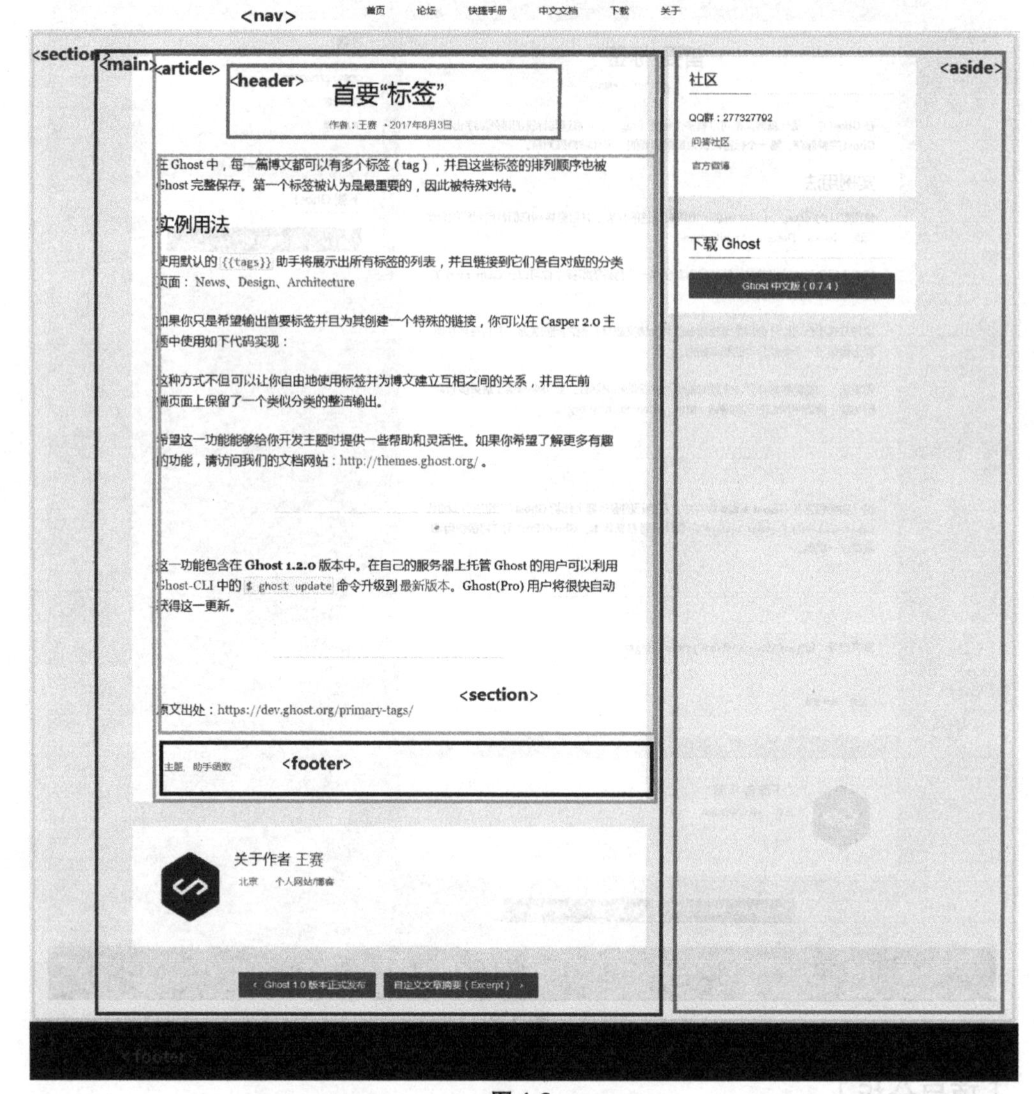

图 1-9

```
<html>
 ▶<head>…</head>
··▼<body> == $0
   ▼<div class="wrapper">
     ▶<header class="main-header">…</header>
     ▶<nav class="main-navigation">…</nav>
     ▶<section>…</section>
     ▶<footer class="copyright">…</footer>
    </div>
  </body>
</html>
```

图 1-10

HTML 详细结构代码如图 1-11 所示。

```
<html>
 ▶<head>…</head>
 ▼<body>
   ▼<div class="wrapper">
     ▼<header class="main-header">
         <!-- start logo -->
       ▶<h1>…</h1>
         <!-- end logo -->
         <h2 class="text-hide">Ghost 是一个简洁、强大的写作平台。你只
         需专注于用文字表达你的想法就好，其余的事情就让 Ghost 来帮你处
         理吧。</h2>
       </header>
     ▼<nav class="main-navigation">
       ▼<ul class="menu">
         ▶<li role="presentation">…</li>
         ▶<li role="presentation">…</li>
         ▶<li role="presentation">…</li>
         ▶<li role="presentation">…</li>
         ▶<li role="presentation">…</li>
         ▶<li role="presentation">…</li>
         </ul>
       </nav>
     ▼<section>
       ▼<div class="content-wrap">
         ▼<div class="main">
           ▶<article class="post-tag">…</article>
           ▶<aside class="about-author">…</aside>
           ▶<nav class="prev-next-wrap ">…</nav>
           </div>
         ▼<aside class="sidebar">
           ▶<section class="community">…</section>
           ▶<section class="download">…</section>
           </aside>
         </div>
       </section>
     ▼<footer class="copyright">
       ▶<div class="container">…</div>
       </footer>
     </div>
   </body>
 </html>
```

图 1-11

2. CSS 样式代码

由于版面篇幅限制，这里只分析和描述 CSS3 部分样式实现的步骤。

样式步骤说明：样式设置遵循的原则是先重置，再整体，最后细节，即先大后小的原则。

```
/*步骤一：重置样式*/
/*步骤二：整体外观样式的设置*/
/*步骤三：header 样式设置*/
.main-header {
    text-align: center;
    padding: 42px 0;
    background: #ffffff;
}
.text-hide {
    color: transparent;
    font-size: 0px;
}
/*步骤四：nav 导航条样式设置*/
.main-navigation {
    text-align: center;
```

```
    background: #ffffff;
    border-top: 1px solid #ebebeb;
    margin-bottom: 35px;
    border-bottom: 2px solid #e1e1e1;
}
.menu {
    list-style: none;
    width: 476px;
    margin: 0px auto;
}
.menu li {
    text-align: center;
    float: left;
    height: 56px;
}
.main-navigation .menu li a {
    text-decoration: none;
    color: #505050;
    line-height: 56px;
    display: block;
    padding: 0 20px;
    font-size: 14px;
}
.main-navigation .menu li a:hover {
    color: #e67e22;
}
```

请读者自行完成 Ghost 网站首页的页面效果。

[项目总结]

本项目主要练习的知识点是使用 HTML5 语义化结构标签构建网页结构。本项目的 HTML5 结构的思维导图如图 1-12 所示。

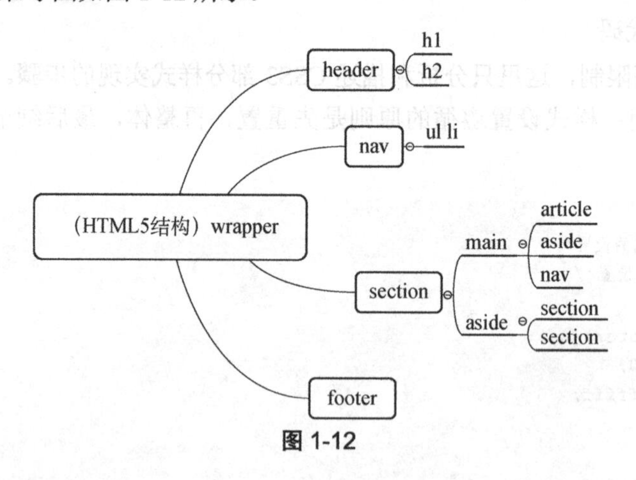

图 1-12

这里需要注意<section>标签，当对<section>标签进行样式定义时，一般会在<section>标签中嵌套一个<div>标签，然后对这个<div>标签进行定义。

单元二

HTML5 表单和验证

案例视频资源

教学导航

知识技能目标

- 了解 HTML5 新增表单功能和验证信息属性。
- 会使用 HTML5 新增表单功能和属性完善表单内容。

教学案例

【基本项目】使用 HTML5 新增表单功能制作注册表单。

【应用项目】为注册表单添加用户体验的验证信息。

重点知识

HTML5 新增表单属性和验证属性。

【基本项目】使用 HTML5 新增表单功能制作注册表单

在 HTML4 表单标签中，对一些功能支持得不够好，如文本框提示信息、表单校验、日期选择控件、颜色选择控件、范围控件、进度条、标签跨表单等功能。例如，以前文本框提示信息功能只能通过 js 和 input 事件配合实现。在目前的 Web 应用中，这些功能被大量地使用，因此，在 HTML5 中，新标准直接把这些常用的基本功能加入新的表单标签中，使 Web 表单的功能有了全面提升，HTML5 在保持了简便易用的特性的同时，增加了许多内置的控件或控件属性来满足用户的需求，并且减少了开发人员的编码量，使表单功能更加强大。接下来我们就来一次 HTML5 智能表单之旅吧！

[项目描述]

如今 HTML5 被普遍使用，我们在计算机、平板电脑、手机上都能看到界面很炫的表单，表单元素非常丰富，如滑竿开关、日历、颜色等，使用起来交互性很强，用户体验也很好。

学过网页设计与制作基础的读者应该对表单并不陌生，对表单的基本控件和属性也有一定的了解。本项目使用 HTML5 新增的表单功能和属性来制作一个注册表单，让读者在学习 HTML5 新增表单功能的同时，回顾 form 表单的基础知识，页面效果如图 2-1 所示。

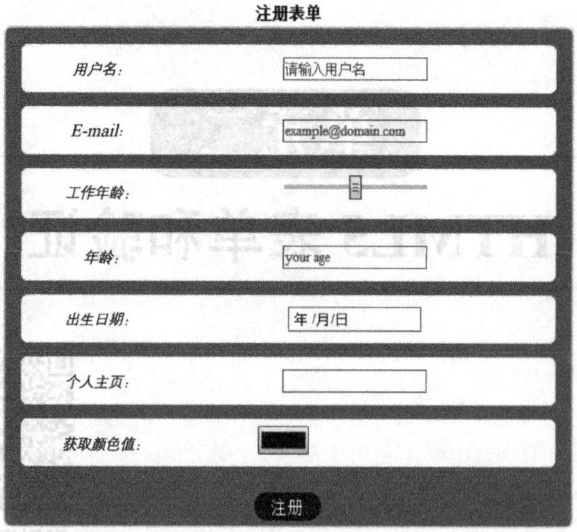

图 2-1

[前导知识]

表单是 HTML 中非常重要的一部分，是连接前端与后台的桥梁，它承担大量的用户和网页后台数据更新交互的任务。因此，在 HTML5 中，表单也发生了一些变化，下面从 3 个方面来介绍 HTML5 表单的新特性。

1. 浏览器的兼容性

浏览器的兼容性如表 2-1 所示。

表 2-1

输 入 类 型	IE	Firefox	Opera	Chrome	Safari
email	No	4.0	9.0	10.0	No
url	No	4.0	9.0	10.0	No
number	No	No	9.0	7.0	No
range	No	No	9.0	4.0	4.0
date pickers	No	No	9.0	10.0	No
search	No	4.0	11.0	10.0	No
color	No	No	11.0	No	No

2. 新增的控件类型

HTML5 拥有多个新增的表单控件类型。这些新特性提供了更好的输入控制和验证。表 2-2 列出了常用的 HTML5 新增的表单输入类型控件的属性。

表 2-2

名 称	说 明
email	用于验证 E-mail 的格式，当提交表单时会自动验证 email 域的值
url	用于验证 URL 的格式，当提交表单时会自动验证 url 域的值

（续表）

名　称	说　明
number	根据用户的设置提供选择数字的功能，min 属性用于设置最小值，max 属性用于设置最大值，value 属性用于设置当前值，step 属性用于设定每次增长的值。目前，对于该控件类型，有些浏览器还不支持
range	用作包含一定数值范围的输入域，其会以一个滑块的形式展现，min 属性用于设置最小值，max 属性用于设置最大值，value 属性用于设置当前值。如果没有设置，则其默认值的范围是 1～100
date pickers	HTML5 拥有多个可供选取日期和时间的新输入类型。 date：选取日、月、年。 month：选取月、年。 week：选取周和年。 time：选取时间（小时和分钟）。 datetime：选取时间、日、月、年（UTC 时间）。 datetime-local：选取时间、日、月、年（本地时间）
search	用作搜索域，如站点搜索或 Google 搜索。为其加上 results="s"属性，则会在搜索框前面加上一个搜索图标
tel	用于验证输入的内容是否为电话格式。目前，对于该控件类型，有些浏览器还不支持
color	提供一个颜色拾取器，供用户选择颜色，并将用户选择的颜色填充到此元素中

下面我们对这些新增的控件类型进行举例说明。

（1）新增 email 类型<input>标签

HTML 代码如下。

```
<input type="email" name="email" placeholder="请输入邮箱"/>
```

运行效果如图 2-2 所示。

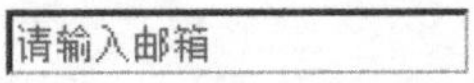

请输入邮箱

图 2-2

注意：在上面的 HTML 代码中，type="email"表示当前<input>标签接收一个邮箱的输入。此类型要求用户输入格式正确的 E-mail 地址，否则浏览器是不允许提交的，并会有一个错误信息提示。此类型在 Opera 浏览器中必须指定 name 值，否则无效果。

另外，placeholder="请输入邮箱"属性的功能是实现提示信息。而在 HTML5 之前，要实现这个提示信息功能，需要使用 JavaScript，监听文本框的 blur 事件，然后判断是否为空，如果为空，则给文本框赋值一个灰色的字体提示信息。而现在只需要一个简单属性就可以了，其他工作交给浏览器即可。

小结：在提交表单前，文本框会自动校验是否符合邮箱的正则表达式。另外，placeholder 属性提供的提示信息功能十分强大。

（2）新增 url 类型<input>标签

HTML 代码如下。

```
<input type="url" placeholder="输入正确的网址" name="url" />
```

运行效果如图 2-3 所示。

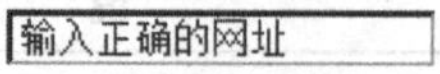

输入正确的网址

图 2-3

注意：上面代码展示的文本框要求用户输入格式正确的 URL。开始处添加“http://”。

（3）只能输入数字的 number 类型<input>标签

number 类型的 HTML 表单元素可以让用户以按键的方式改变文本框中的值，这种效果在 Windows 系统中经常见到，效果如图 2-4 所示。

图 2-4

HTML 代码如下。

```
<input type="number" name="demoNumber" min="1" max="100" step="2"/>
```

运行效果如图 2-5 所示。

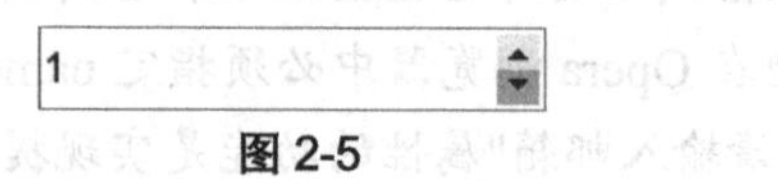

图 2-5

注意：此标签其实就是普通的<input>标签，只不过是 type 指向了 number，表示当前标签接收数字类型输入。此外，number 类型添加了 4 个属性。

name：用来标识表单提交时的 key 值。

min：表单标签新增加的属性，用来标识当前输入框输入的最小值。

max：用来标识当前输入框输入的最大值。

step：步长的意思，也就是在单击增加或减少按钮的时候增加或减少的步长。

小结：min、max、step 是表单标签中新增加的属性。另外就是 type 又增加了一个新的 number 类型，接收数字类型输入。而之前我们要实现这样的效果只能通过 JavaScript 在失去焦点时进行判断，控制起来不太方便，现在则十分简单。

（4）新增 range 类型<input>标签

range 的中文意思为“范围”，这类效果在 Windows 系统中也屡见不鲜，效果如图 2-6 所示。

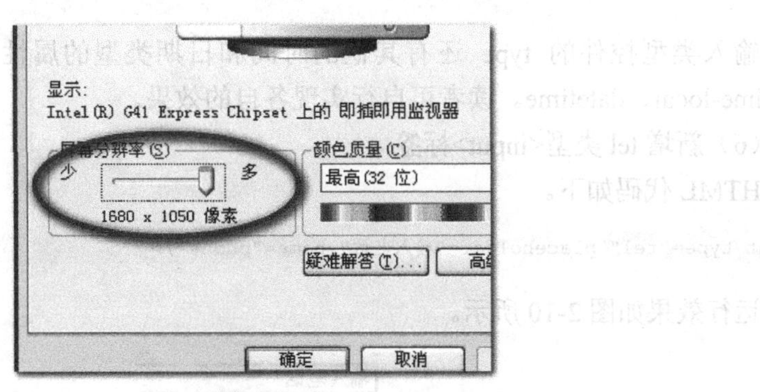

图 2-6

HTML 代码如下。

```
<input type="range" min="0" max="50" step="5" name="rangedemo" value="0" />
```

运行效果如图 2-7 所示。

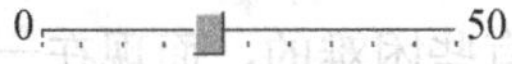

0 50

图 2-7

range 类型标签的加入，使输入范围内的数据变得非常简单，而且非常标准，用户输入可感知体验非常好。

（5）新增日期、时间、月份、星期类型<input>标签

从事过 Web 项目开发的读者可能遇到过相关的 JavaScript 日期控件。HTML5 新增的表单输入类型控件解决了烦琐的 JavaScript 日期控件问题。效果如图 2-8 所示。

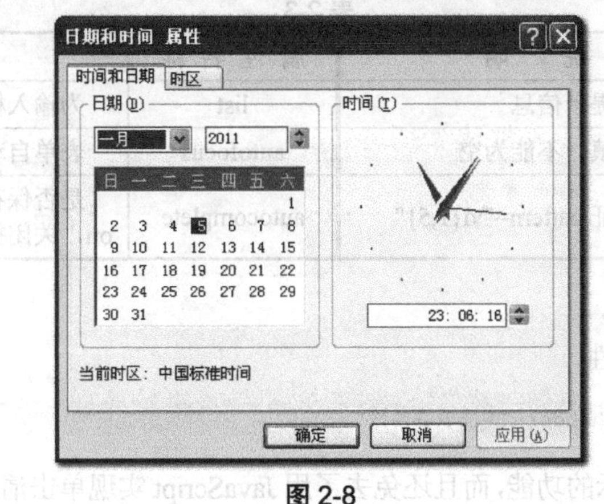

图 2-8

HTML 代码如下。

```
<input type="date" name="datedemo" />
```

运行效果如图 2-9 所示。

年 /月/日

图 2-9

输入类型控件的 type 还有其他的时间和日期类型的属性：month、time、week、datetime-local、datetime。读者可自行实现各自的效果。

（6）新增 tel 类型<input>标签

HTML 代码如下。

```
<input type="tel" placeholder="输入电话" name="phone"/>
```

运行效果如图 2-10 所示。

输入电话

图 2-10

（7）新增 search 类型<input>标签

search 类型表示输入的是一个搜索关键字，通过 results="s"属性可显示一个搜索小图标，读者可自行尝试。

（8）颜色选择器<input>标签

颜色选择器在之前实现起来是有些困难的，而现在一切都变得那么简单。

HTML 代码如下。

```
<input type="color"/>
```

运行效果如图 2-11 所示。

图 2-11

3. 新增表单验证属性

HTML5 新增表单验证属性如表 2-3 所示。

表 2-3

属 性 名 称	说　明	属 性 名 称	说　明
placeholder	输入框提示信息	list	为输入框构造一个选择列表
required	此项必填，不能为空	autofocus	表单自动获取焦点
pattern	正则验证 pattern="\d{1,5}"	autocomplete	是否保存用户输入值。默认值为 on，关闭提示选择 off

下面分别举例说明。

（1）placeholder 属性

```
<input type="text" placeholder="单击我会清除">
```

该表单具有信息提示的功能，而且还免去了用 JavaScript 实现单击清除表单初始值的步骤。

（2）required 属性

```
<input type="text" required >
```

表单验证属性，当表单为 require 类型时，若输入值为空，则系统拒绝提交，并会有一个提示。

（3）pattern 属性

```
<input type="text" required  pattern="^[1-9]\d{5,12}$">
```

pattern 属性为正则验证，可以完成各种复杂的验证。正则表达式不是本书的重点，所以此处不具体讲解，读者可以自行搜索正则表达式相关内容进行学习。

（4）list 属性

list 属性需要与 datalist 属性结合使用。datalist 属性是对选择框的记忆；而 list 属性可以为选择框定义记忆的内容，用于实现数据列表下拉效果，UI 风格类似于 autocomplete。效果如图 2-12 所示。

图 2-12

举个简单的例子。

HTML 代码如下。

```
input type="text" list="mydata" placeholder="电影排行榜" />
<datalist id="mydata">
<option label="Top1" value="我和我的祖国">
<option label="Top2" value="建国大业">
<option label="Top3" value="建党伟业">
<option label="Top4" value="中国机长">
</datalist>
```

运行效果如图 2-13 所示。

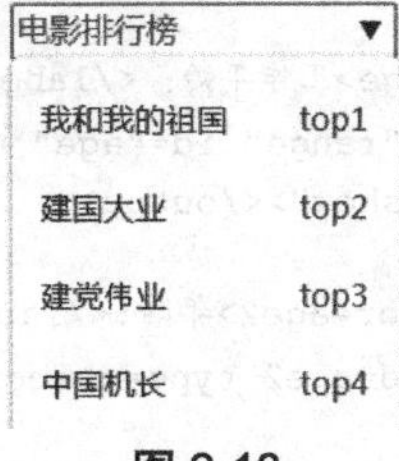

图 2-13

（5）autofocus 属性

```
<input type="text" autofocus="true">
```

默认聚焦属性，可在页面加载时聚焦到一个表单控件，类似于 JavaScript 的 focus()。

（6）autocomplete 属性

```
<input type="text" autocomplete="on">
```

autocomplete 属性的默认值为 on，关闭提示选择 off。读者可以自己验证一下效果。

[项目分析]

有了前导知识作为铺垫，接下来我们分析一下怎样完成注册表单页面。

表 2-4 是对注册表单页面的详细分析。

表 2-4

功　　能	标签和 type 属性
用户名、E-mail、工作年龄、年龄、出生日期、个人主页、获取颜色值	<label>
E-mail	email
工作年龄	range
年龄	number
出生日期	date
个人主页	url/datalist
获取颜色值	color

[代码实现]

1. HTML 结构代码

```
<h1>注册表单</h1>
<form id=regForm method=post>
    <fieldset>
        <ol>
            <li>
                <label for=username>用户名：</label>
                <input id=username name=username >
                <li>
                    <label for=uemail>E-mail：</label>
                    <input id=uemail type=email name=uemail >
                    <li>
                        <label for=age>工作年龄：</label>
                        <input type="range" id="age" min="18" max="60" name="age"/>
                        <output id="show"></output>
                        <li>
                            <label for=age2>年龄:</label>
                            <input id=age2 type=number  min="1" max="100">
                            <li>
                                <label for=birthday>出生日期：</label>
                                <input id=birthday type=date>
                                <li>
                                    <label for=search>个人主页：</label>
                                    <input id=search type=url list="searchlist">
                                    <datalist id=searchlist>
```

```
                    <option  label="Google"  value="http://www.google.
com" />
                    <option label="Yahoo" value="http://www.yahoo.com"
/>
                    <option label="Bing" value="http://www.bing.com" />
                    <option label="Baidu" value="http://www.baidu.com"
/>
                </datalist>
            </li>
            <LI>
                <label for=color>获取颜色值:</label>
                <input type="color" name="color" id="color" />
                <input type="text" id="colorVal" style="border:none;"
/> </LI>
        </ol>
    </fieldset>
    <div>
        <button type=submit>注册</button>
    </div>
</form>
```

2. CSS 样式代码

CSS3 样式代码的实现不是本项目的重点，所以 CSS3 的样式代码不再详细分析。

本项目中的 CSS3 样式，主要使用了边框圆角和边框阴影的属性，这些属性将在单元三具体介绍。部分代码如下。

```
form{
   padding-right: 4px;
   padding-left: 4px;
   background: #9cbc2c;
   padding-bottom: 4px;
   margin 0px auto;
   width: 500px;
   padding-top: 4px;
   border-radius: 5px;
   moz-border-radius: 5px;
   webkit-border-radius: 5px;
   khtml-border-radius: 5px;
   moz-box-shadow: 0 0 4px rgba(0, 0, 0, 0.4);
   webkit-box-shadow: 0 0 4px rgba(0, 0, 0, 0.4);
   box-shadow: 0 0 4px rgba(0, 0, 0, 0.4)
}
```

[项目总结]

本项目主要练习的知识点是表单新增的类型和属性，并回顾 form 表单的常用控件。

建议读者先把页面框架搭建好，再使用新增的类型和属性进行完善。按照该思路，完成本项目的编码。本项目没有使用很复杂的验证，是为了让读者可以更清晰地掌握 HTML5 新增的类型和属性，避免因代码复杂而产生误区。在了解了本项目的实现后，读者可以尝试完成后面的应用项目。

【应用项目】为注册表单添加用户体验的验证信息

[项目描述]

为注册表单添加用户体验的验证信息。表 2-5 是对验证注册页面的详细分析。

表 2-5

功　能	验 证 说 明
用户名	① 文本框显示提示信息：请输入用户名； ② 不能为空； ③ 用户名必须是由字母或数字组成的 6～12 位字符； ④ 自动获取焦点
E-mail	① 文本框显示正确格式的提示信息； ② 不能为空
工作年龄	① 不能为空； ② 工作年龄为 18～60 岁
出生日期	正确的日期格式
个人主页	正确的网址格式

[项目分析]

1. 拖动滑竿的联动效果

拖动工作年龄滑竿可以显示具体的年龄数字。结合表单新增加的<output>标签，达到一个联动的效果。

<output>标签用来输出计算结果或用户动作的结果。

output 元素的属性如下所示。

① for。用来指明参与计算的元素的 ID，用空格分隔多个 ID。

② form。output 元素相对应的表单的 ID，如果这个元素放在一个表单内，则不用指明这个元素的值。当它位于表单外时，需要指明是属于哪个表单的。

③ name。output 元素的名称。

下面代码的运行效果是两个数字相加的结果：

```
<form oninput="result.value=parseInt(a.value)+parseInt(b.value)">
    <input type="range" name="b" value="50" /> +
    <input type="number" name="a" value="10" /> =
    <output name="result"></output>
</form>
```

读者可以自己验证一下效果。

2. 用户名必须是由字母或数字组成的 6～12 位字符

表单验证是一套系统，它为终端用户检测无效的数据并标记这些错误，是一种用户体验的优化，使 Web 应用更快地抛出错误。但它仍不能取代服务器端的验证，重要数据还要依赖于服务器端的验证，因为前端验证是可以绕过的。

目前任何表单元素都有 8 种可能的验证约束条件，这不属于本书的讲解范围，读者可自行搜索关键字“表单验证方法”进行学习。

[代码实现]

这里仅给出 HTML 结构代码和 JavaScript 代码。

1. HTML 结构代码

```
<h1>注册表单</h1>
<form id=regForm onsubmit="return chkForm();" method=post>
    <fieldset>
        <ol>
            <li>
                <label for=username>用户名: </label>
                <input id=username name=username autofocus required pattern="^[a-zA-Z0-9]{6,
12}$" placeholder="请输入用户名">
                <li>
                    <label for=uemail>E-mail: </label>
                    <input id=uemail type=email name=uemail required placeholder="example@
domain.com">
                    <li>
                        <label for=age>工作年龄: </label>
                        <input type="range" id="age" min="18" max="60" name="age" oninput="show.
value=age.value" />
                        <output id="show"></output>
                        <li>
                            <label for=age2>年龄:</label>
                            <input id=age2 type=number required placeholder="your age" min="1"
max="100">
                            <li>
                                <label for=birthday>出生日期: </label>
                                <input id=birthday type=date>
                                <li>
                                    <label for=search>个人主页: </label>
                                    <input id=search type=url required list="searchlist">
                                    <datalist id=searchlist>
                                        <option label="Google" value="http://www.google.com" />
                                        <option label="Yahoo" value="http://www.yahoo.com" />
                                        <option label="Bing" value="http://www.bing.com" />
                                        <option label="Baidu" value="http://www.baidu.com" />
                                    </datalist>
                                </li>
                                <LI>
                                    <LABEL FOR=COLOR>获取颜色值:</LABEL>
                                    <input type="color" name="color" id="color" oninput="showcolor.
value=color.value" />
                                    <output id="showcolor"></output>
                                    <input type="text" id="colorVal" style="border:none;" /> </LI>
        </ol>
    </fieldset>
    <div>
```

```
        <button type=submit>注册</button>
    </div>
</form>
```

2. JavaScript 代码

```
var user = document.getElementById("username");
user.onblur = function() {
    if (user.value) {
        user.setCustomValidity(""); //现将有输入时的提示设置为空
    } else if (user.validity.valueMissing) {
        user.setCustomValidity("用户名不能为空");
    };
    if (user.validity.patternMismatch) {
        user.setCustomValidity("用户名只能是英文字母或数字，长度为 6~12 位");
    }
};
```

[项目总结]

本项目主要练习的知识点是表单控件的验证。除了使用 HTML5 新增的表单验证属性，还可以使用 JavaScript 代码，使得验证消息更符合用户体验。

单元三

CSS3网页细节设计

案例视频资源

教学导航

知识技能目标

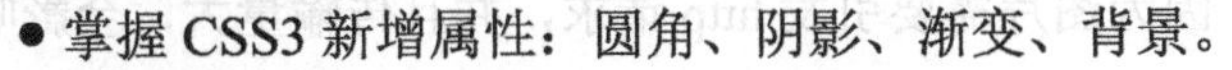

- 掌握 CSS3 新增属性：圆角、阴影、渐变、背景。
- 能使用 CSS3 新增属性制作网页细节。

教学任务

任务一　圆角

任务二　边框阴影

任务三　渐变

任务四　背景图片的大小

任务五　背景图片的定位

任务六　多重背景

任务七　文字阴影

重点知识

CSS3 圆角、边框阴影、背景、文字属性。

CSS3 新增了很多属性和函数，典型的就是圆角、变形与动画。

CSS3 具有以下属性：

- 选择器；
- 文本效果，如文字阴影 text-shadow、嵌入字体@font-face 等；
- 颜色效果，如 rgba 颜色、不透明度 opacity 等；
- 边框效果，如边框圆角 border-radius、边框阴影 box-shadow 等；
- 背景效果，如背景大小 background-size、背景切片 background-clip 等；
- CSS3 变形，如位移 translate()、缩放 scale()等；
- CSS3 过渡，如过渡属性 transition-property、过渡时间 transition-duration；
- CSS3 动画；
- 多列布局；
- 弹性盒子模型；
- 用户界面，如调整元素尺寸 resize、外轮廓线 outline。

这些内容将在单元三、单元四、单元五、单元六、单元七、单元八中陆续讲解。本单元主要讲解 CSS3 边框。针对边框，CSS3 增加了丰富的修饰效果，使得网页更加美观。

任务一　圆角

【基本项目1】实心圆角效果

[项目描述]

我们在很多网站中经常能看到圆角的效果。从用户体验和心理角度来说，圆角效果往往更为美观、大方。

在 CSS2 中，网页中的圆角效果是使用背景图片来实现的，制作起来相对比较麻烦。而且在前端开发中，对于网页设计，我们都是遵循“尽量少用图片”的原则，能用 CSS 实现的效果，就尽量不要使用图片。因为图片需要引发 http 请求，并且传输量大，会影响网页加载性能。

在 CSS3 中，网页中的圆角效果可以使用 border-radius 属性来实现。

本项目利用 CSS3 圆角属性，制作一些实心的圆角效果。项目效果如图 3-1 所示。

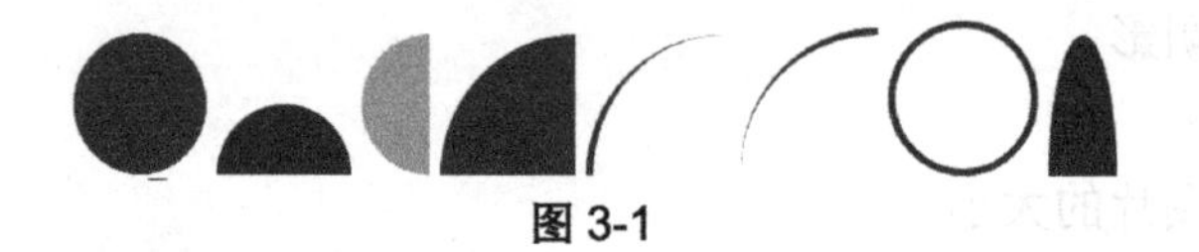

图 3-1

[前导知识]

1. 浏览器私有前缀简介

由于 CSS3 中的很多属性尚未成为 W3C 标准的一部分，因此，每种内核的浏览器都只能识别带有自身私有前缀的 CSS3 属性，如表 3-1 所示。

表 3-1

私 有 前 缀	对应的浏览器
-webkit-	Chrome 和 Safari
-moz-	Firefox
-ms-	IE
-o-	Opera

例如，使用 CSS3 实现半径为 10px 的圆角效果，则可以这样写（实现圆角效果的其中一种写法）：

```
border-radius:10px;
```

但是并非所有浏览器都能识别 border-radius 属性，例如，Chrome 浏览器只能识别-webkit-border-radius（前缀为-webkit-），而 Firefox 浏览器只能识别-moz-border-radius（前缀为-moz-）。为了让主流浏览器都能识别圆角效果，需要这样写：

```
border-radius:10px;
-webkit-border-radius:10px;      /*兼容 Chrome 和 Safari 浏览器*/
-moz-border-radius:10px;      /*兼容 Firefox 浏览器*/
-ms-border-radius:10px;      /*兼容 IE 浏览器*/
-o-border-radius:10px;      /*兼容 Opera 浏览器*/
```

2. border-radius 属性语法

在 CSS3 中，使用 border-radius 属性为元素添加圆角效果。

语法如下。

```
border-radius:属性值;
```

说明：属性值的单位可以是 px、百分比、em 等。

示例代码如下。

```
<!DOCTYPE html>
<html
<head>
        <title>CSS3 border-radius 属性</title>
        <style type="text/css">
        .div1
        {
                width:100px;
                height:50px;
                border:1px solid gray;
                border-radius:10px;
        }
        </style>
</head>
<body>
        <div class="div1">
        </div>
</body>
</html>
```

在浏览器中预览的效果如图 3-2 所示。

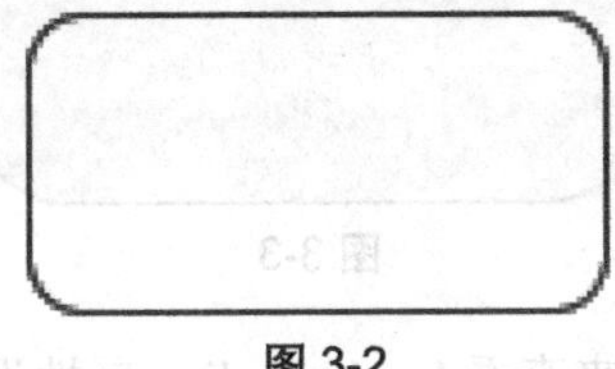

图 3-2

分析："border-radius:10px;" 指的是元素 4 个角的圆角半径都是 10px。

3. border-radius 属性值

与 border、padding、margin 等属性类似，border-radius 属性有 4 种写法。

（1）border-radius 属性设置 1 个值

当 border-radius 属性设置 1 个值时，如 "border-radius:10px;"，表示 4 个角的圆角半径都是 10px。

（2）border-radius 属性设置 2 个值

当 border-radius 属性设置 2 个值时，如 "border-radius:10px 20px;"，表示左上角和右

下角的圆角半径都是 10px，右上角和左下角的圆角半径都是 20px。

（3）border-radius 属性设置 3 个值

当 border-radius 属性设置 3 个值时，如“border-radius:10px 20px 30px;”，表示左上角的圆角半径是 10px，左下角和右上角的圆角半径都是 20px，右下角的圆角半径是 30px。

（4）border-radius 属性设置 4 个值

当 border-radius 属性设置 4 个值时，如“border-radius:10px 20px 30px 40px;”，表示左上角、右上角、右下角和左下角的圆角半径依次为 10px、20px、30px、40px。

示例代码如下。

```
<!DOCTYPE html>
<html
<head>
        <title>CSS3 border-radius 属性</title>
        <style type="text/css">
        .div1
        {
                width:200px;
                height:100px;
                border:1px solid gray;
                border-radius:10px 20px 30px 40px;
        }
        </style>
</head>
<body>
        <div class="div1">
        </div>
</body>
</html>
```

在浏览器中预览的效果如图 3-3 所示。

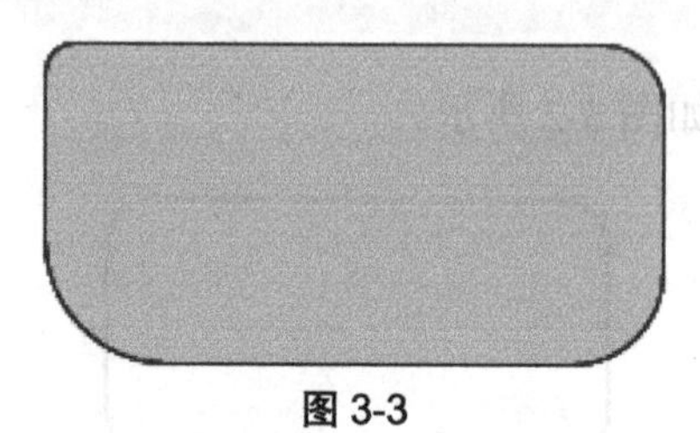

图 3-3

分析：读者可以改变属性值来查看 border-radius 属性设置的不同效果。

[项目分析]

使用 border-radius 属性画实心半圆和实心圆。

1. 实心半圆

实心半圆分为实心上半圆、实心下半圆、实心左半圆和实心右半圆。

上半圆的实现方法：border-radius 属性值是圆角的半径，结合圆形和矩形的数学知识，把高度（height）设为宽度（width）的一半，并且只将左上角和右上角的圆角半径与元素的高度设为一致，而将右下角和左下角的圆角半径设置为 0。

其他半圆的制作方法与上半圆的制作原理是一样的，读者可自行制作。

2. 实心圆

在 CSS3 中，使用 border-radius 属性实现实心圆的方法：首先制作一个正方形，也就是将一个 div 的宽度（width）与高度（height）值设为一致，并且将四个圆角值都设置为正方形边长值的一半。

[代码实现]

1. HTML 结构代码

```
<div id="demo1"></div>
<div id="demo2"></div>
<div id="demo3"></div>
<div id="demo4"></div>
<div id="demo5"></div>
<div id="demo6"></div>
<div id="demo7"></div>
<div id="demo8"></div>
```

2. CSS 样式代码

```
#demo1 {
    width: 100px;
    height: 100px;
    background: red;
    border-radius: 50%;
}
#demo2 {
    width: 100px;
    height: 50px;
    background: green;
    border-radius: 50px 50px 0 0;
}
#demo3 {
    width: 50px;
    height: 100px;
    background: pink;
    border-radius: 50px 0 0 50px;
}
#demo4 {
    width: 100px;
    height: 100px;
    background: gray;
    border-radius: 100px 0 0 0;
}
#demo5 {
    width: 100px;
    height: 100px;
    background: gray;
    border-radius: 100px 0 0 0;
    border-left: 5px solid #5e77bf;
    background-color: transparent;
}
```

```
#demo6 {
    width: 100px;
    height: 100px;
    background: gray;
    border-radius: 100px 0 0 0;
    border-top: 5px solid #5e77bf;
    background-color: transparent;
}
#demo7 {
    height: 100px;
    width: 100px;
    border-radius: 50%;
    background: gray;
    border: 5px solid #5e77bf;
    background-color: transparent;
}
```

[项目总结]

本项目主要使用 border-radius 属性，将 4 个角的垂直半径和水平半径设置为相同值，来实现实心圆角的效果。

【基本项目 2】空心圆角效果

[项目描述]

本项目利用 CSS3 圆角属性，制作一些空心圆角效果。项目效果如图 3-4 所示。

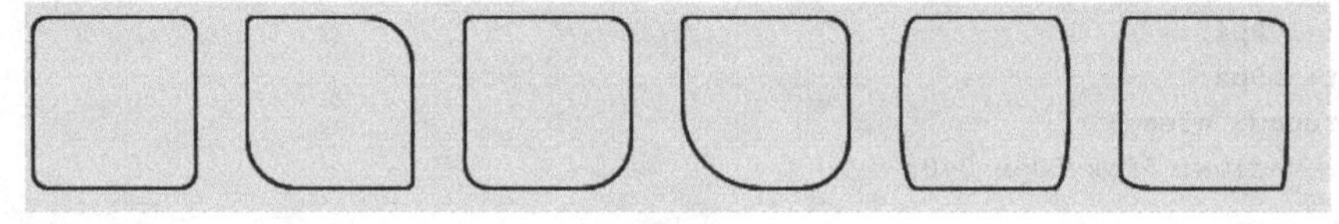

图 3-4

[前导知识]

以上都是水平方向和垂直方向半径相等的例子，下面列举 2 个水平方向和垂直方向半径不相等的例子。

水平方向与垂直方向半径不相等时，border-radius 用斜杠设置第 2 组值。这时，第 1 组值表示水平半径；第 2 组值表示垂直半径，应用规则与第 1 组值相同。

- 1 个参数：border-radius:10px/5px。
- 2 个参数：border-radius:10px 20px/5px 10px。
- 3 个参数：border-radius:10px 20px 30px/5px 10px 15px。
- 4 个参数：border-radius:10px 20px 30px 40px/5px 10px 15px 20px。

border-radius 属性可以分开，分别为 4 个角设置相应的圆角值，如下所示。

- border-top-right-radius：右上角。
- border-bottom-right-radius：右下角。

- border-bottom-left-radius：左下角。
- border-top-left-radius：左上角。

[项目分析]

项目分析如图 3-5 所示。

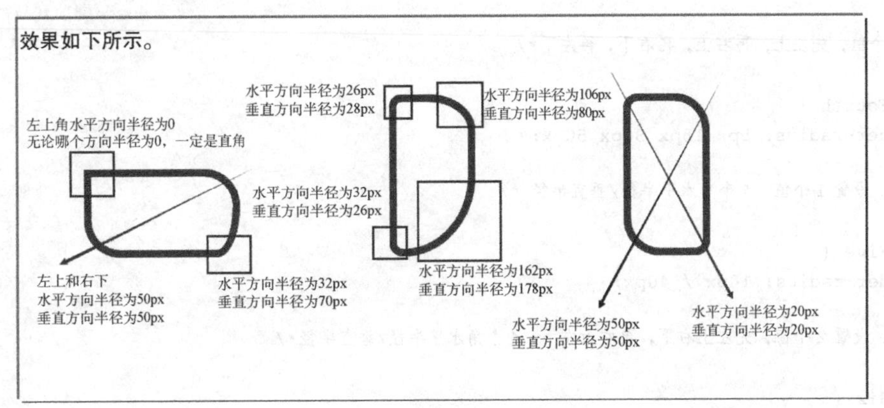

图 3-5

[代码实现]

1. HTML 结构代码

```
<div class="paddingBig">
    <div class="divSmall radiusOne"></div>
    <div class="divSmall radiusTwo"></div>
    <div class="divSmall radiusThree"></div>
    <div class="divSmall radiusFourth"></div>

    <div class="clear"></div>
    <div class="blank"></div>

    <div class="divSmall radiusFive"></div>
    <div class="divSmall radiusSix"></div>
</div>
```

2. CSS 样式代码

```
.divSmall {
    width: 100px;
    height: 100px;
    float: left;
    margin-right: 30px;
    border: 2px solid blue;
}
/*设置一个值，4 个角具有相同的圆角设置*/

.radiusOne {
    border-radius: 10px;
}
/*设置 2 个值，先左上右下，再右上左下*/
```

```
.radiusTwo {
    border-radius: 5px 30px;
}
/*设置 3 个值，先左上，再右下，再右上左下*/

.radiusThree {
    border-radius: 5px 15px 30px;
}
/*设置 4 个值，先左上，再右上，再右下，再左下*/

.radiusFourth {
    border-radius: 5px 15px 30px 50px;
}
/*反斜杠，设置 1 个值，4 个角水平半径/垂直半径 */

.radiusFive {
    border-radius: 10px / 40px;
}
/*反斜杠，设置 2 个值，先左上右下，再右上左下，4 个角水平半径/垂直半径*/

.radiusSix {
    border-radius: 5px 20px / 40px 10px;
}
```

[项目总结]

本项目主要使用 border-radius 属性将 4 个角的垂直半径和水平半径设置为不同值来实现空心圆角效果。

【应用项目 1】网页中的圆角属性应用

[项目描述]

本项目灵活使用边框属性来实现不同的应用效果，如图 3-6 所示。

图 3-6

[项目分析]

本项目主要考查 border 边框子属性的使用。

border 边框子属性如下。

```
border-color: red;
```

```
border-style: solid;
border-width: 10px 6px 20px 3px;
border-radius: 25px;
```

[代码实现]

1. HTML 结构代码

```
<div class="demo1"></div>
<div class="demo2"></div>
<div class="demo3"></div>
<div class="demo4"></div>
<div class="demo5"></div>

<img src="images/1.jpg" class="demo13" /> <img src="images/1.jpg" class="demo14" />
```

2. CSS 样式代码

```
div {
    display: inline-block;
    margin: 20px;
}
.demo1 {
    width: 100px;
    height: 100px;
    border: 15px solid green;
    border-radius: 15px;
}
.demo2 {
    width: 100px;
    height: 100px;
    border: 15px solid green;
    border-radius: 25px;
    border-width:
}
.demo3 {
    width: 100px;
    height: 100px;
    border-color: red;
    border-style: solid;
    border-width: 10px 6px 20px 3px;
    border-radius: 25px;
}
.demo4 {
    width: 100px;
    height: 100px;
    border-color: red green blue yellow;
    border-style: solid;
    border-width: 10px 20px 30px 50px;
    border-radius: 35px;
}
.demo5 {
    width: 100px;
    height: 100px;
    border-color: red green blue yellow;
    border-style: solid;
```

```
    border-width: 80px;
}
.demo13 {
    width: 100px;
    height: 100px;
    border: 1px solid gray;
    border-radius: 5px 50px 5px;
}
.demo14 {
    width: 100px;
    height: 100px;
    border: 10px solid green;
    border-radius: 5px 5px 50px 5px;
}
```

[项目总结]

本项目灵活使用边框属性，实现不同的应用效果。

【应用项目 2】绘制形状

[项目描述]

本项目灵活使用边框属性，绘制各种形状，实现不同的应用效果。项目效果如图 3-7 所示。

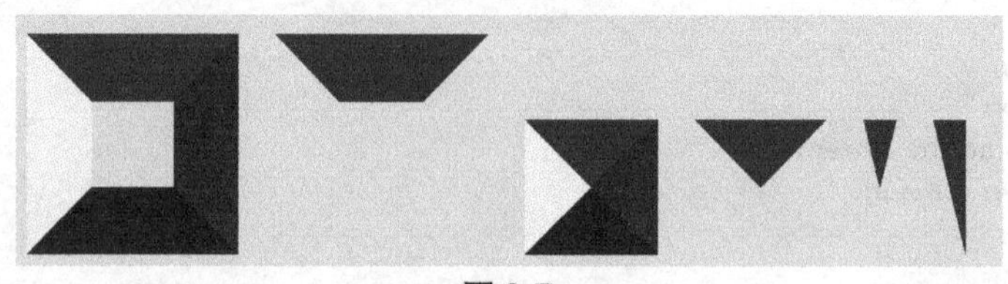

图 3-7

[项目分析]

本项目灵活应用 border-color 属性，使用 4 种不同的边框颜色、边框宽度来实现效果。

[代码实现]

1. HTML 结构代码

```
<div class="demo5"></div>
<div class="demo6"></div>
<div class="demo7"></div>
<div class="demo8"></div>
<div class="demo9"></div>
<div class="demo10"></div>
```

2. CSS 样式代码

```
div {
```

```
    display: inline-block;
    margin: 20px;
}
.demo5 {
    width: 100px;
    height: 100px;
    border-color: red green blue yellow;
    border-style: solid;
    border-width: 80px;
}
.demo6 {
    width: 100px;
    height: 100px;
    border-color: red transparent transparent transparent;
    border-style: solid;
    border-width: 80px;
}
.demo7 {
    border-color: red green blue yellow;
    border-style: solid;
    border-width: 80px;
}
.demo8 {
    border-color: red transparent transparent transparent;
    border-style: solid;
    border-width: 80px;
}
.demo9 {
    border-style: solid;
    border-color: red transparent transparent transparent;
    border-width: 80px 20px;
}
.demo10 {
    border-style: solid;
    border-color: red red transparent transparent;
    border-width: 80px 20px;
}
```

[项目总结]

本项目灵活使用边框属性，制作各种形状，达到不同的应用效果。

【应用项目 3】经典对话框

[项目描述]

本项目灵活使用边框属性，制作一个经典对话框。项目效果如图 3-8 所示。

图 3-8

[项目分析]

本项目主要使用 border-radius 属性制作圆角，使用 border 属性制作三角形。其中，三角形效果的实现需要在 HTML 结构和 CSS3 样式上进行特殊处理，读者可参考代码实现部分。

[代码实现]

1. HTML 结构代码

```
<div class="org_box">
    <span class="org_bot_cor"></span> 欢迎来到我的网站
</div>
```

注意：<span class="org_bot_cor"></span>表示三角形的结构，具体样式在下面的 CSS3 样式代码中实现。

2. CSS3 样式代码

```
.org_box {
    width: 300px;
    height: 80px;
    line-height: 80px;
    margin-bottom: 30px;
    padding-left: 2em;
    background: #F3961C;
    position: relative;
    border-radius: 20px;
}
.org_bot_cor {
    width: 0;
    height: 0;
    font-size: 0;
    border-width: 15px;
    border-style: solid;
    border-color: #f3961c transparent transparent;
    overflow: hidden;
    position: absolute;
    left: 60px;
    bottom: -30px;
}
```

三角形效果的样式，通过“position:absolute;”和 border 的子属性来实现。为上边框设置颜色，其他 3 条边框设置为透明色，就可以呈现出三角形的效果，即“border-color: #f3961c transparent transparent transparent;”。

[项目总结]

灵活使用边框属性，制作一个经典对话框。主要通过使用 border-radius 属性制作圆角，使用 border 属性制作三角形。

【应用项目 4】圆角导航条应用

[项目描述]

打开青年帮网站首页，参考导航条的设计与制作，完成一个圆角导航条的设计，鼠标指针悬停在导航项上时，其上出现圆角边框。项目效果如图 3-9 所示。

图 3-9

[项目分析]

① HTML 结构中导航条的结构使用无序列表，并且需要有链接。具体的代码结构如下。

```
<ul>
<li><a href="">首页</a>
    </li>
</ul>
```

② CSS 样式中使用 border-radius 属性。通过 border-radius 属性来实现边框圆角的效果。

[代码实现]

1. HTML 结构代码

```
<nav>
    <ul>
        <li><a href="">首页</a>
    </li>
        <li><a href="">案例展示</a>
        </li>
        <li><a href="">最新文章</a>
        </li>
    </ul>
</nav>
```

2. CSS 样式代码

```
nav {
    width: 100%;
    height: 50px;
    background-color: #69C
}
ul {
    list-style: none;
    font-size: 16px;
    font-family: xihei;
}
li {
    float: left;
```

```
    margin-left: 50px;
    height: 50px;
    line-height: 50px;
}
a {
    color: #fff;
    text-decoration: none;
    display: block;
    padding: 5px 30px;
    margin: 5px;
    height: 30px;
    line-height: 30px;

    border-radius: 15px;
}
a:hover {
    border: 1px solid #FFF;
    background-color: #6CF
}
```

[项目总结]

综合应用 border-radius 属性完成一个圆角导航条的设计，鼠标指针悬停在导航项上时，其上出现圆角边框。请读者自行研究延展项目：绘制贪吃蛇和鸡蛋。

任务二　边框阴影

【基本项目】边框阴影效果

[项目描述]

边框阴影是一种很常见的特效，经常出现在网站产品展示效果中。在 CSS3 之前，想要为元素添加边框阴影，只能通过背景图片的方法来实现。在 CSS3 中，可以使用 box-shadow 属性轻松地为边框添加阴影效果。项目效果如图 3-10 所示。

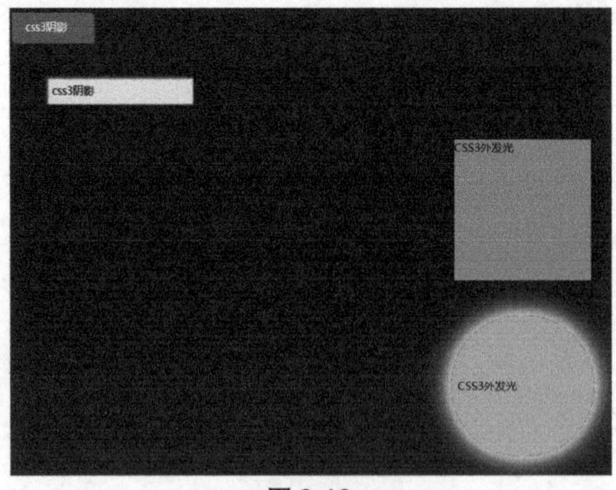

图 3-10

[前导知识]

1. box-shadow 属性语法

```
box-shadow: x-shadow  y-shadow  blur  spread  color  inset;
```

取值说明如下。

- x-shadow：设置边框水平阴影的位置（x 轴），可以使用负值。
- y-shadow：设置边框垂直阴影的位置（y 轴），可以使用负值。
- blur：设置边框阴影模糊半径。
- spread：扩展半径，设置边框阴影的尺寸。
- color：设置边框阴影的颜色。
- inset：表示内阴影，默认不设置。在默认情况下为外阴影。

示例代码如下。

```
<!DOCTYPE html>
<html>
<head>
        <title>CSS3 box-shadow 属性</title>
        <style type="text/css">
        .div1
        {
            width:200px;
            height:100px;
            border:1px solid silver;
            box-shadow:5px 5px 10px gray;
        }
        </style>
</head>
<body>
        <div class="div1">
        </div>
</body>
</html>
```

在浏览器中预览的效果如图 3-11 所示。

图 3-11

2. box-shadow 属性详解

（1）边框水平阴影位置 x-shadow 和边框垂直阴影位置 y-shadow

边框水平阴影位置 x-shadow 和边框垂直阴影位置 y-shadow 的取值单位可以是 px、em 或百分比等，允许使用负值。

示例代码如下。

```
<!DOCTYPE html>
<html>
<head>
        <title>CSS3 box-shadow 属性</title>
        <style type="text/css">
        .div1
        {
            width:200px;
            height:100px;
            border:1px solid silver;
            box-shadow:-10px -10px 8px gray;
        }
        </style>
</head>
<body>
        <div class="div1">
        </div>
</body>
</html>
```

在浏览器中预览的效果如图 3-12 所示。

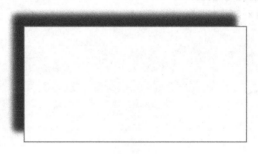

图 3-12

分析：读者对比一下上面的两个例子，观察 x-shadow 和 y-shadow 设置为正值与负值有什么不同。

（2）模糊半径 blur

模糊半径 blur 用于设置边框阴影模糊半径的大小。

示例代码如下。

```
<!DOCTYPE html>
<html >
<head>
        <title>CSS3 box-shadow 属性</title>
        <style type="text/css">
        .div1
```

```
        {
            width:200px;
            height:100px;
            border:1px solid silver;
            box-shadow:5px 5px 0px gray;
        }
        </style>

</head>
<body>
        <div class="div1"></div>
</body>
</html>
```

在浏览器中预览的效果如图 3-13 所示。

图 3-13

分析：修改 blur 的值并观察效果。将上述代码中的“box-shadow:5px 5px 0px gray;”修改为“box-shadow:10px 10px 10px gray;”或者“box-shadow:10px 10px −10px gray;”来观察阴影模糊半径的变化。

（3）阴影尺寸 spread

阴影尺寸 spread 用于设置边框阴影的大小。这个参数是可选的，默认值为 0。

示例代码如下。

```
<!DOCTYPE html>
<html>
<head>
        <title>CSS3 box-shadow 属性</title>
        <style type="text/css">
            .div1
            {
                width:200px;
                height:100px;
                border:1px solid silver;
                box-shadow:10px 10px 10px 10px gray;
            }
        </style>

</head>
<body>
        <div class="div1"></div>
```

```
</body>
</html>
```

在浏览器中预览的效果如图 3-14 所示。

图 3-14

分析：spread 用于改变边框阴影的大小。如果值为正，则整个边框阴影延展扩大；如果值为负，则整个边框阴影缩小。

（4）外阴影 outset 与内阴影 inset

box-shadow 属性的最后一个属性值用于设置边框阴影为内阴影或外阴影，取值有如下 2 种。

① outset：默认值，外阴影。

② inset：内阴影。

示例代码如下。

```
<!DOCTYPE html>
<html>
<head>
        <title>CSS3 box-shadow 属性</title>
        <style type="text/css">
                div
                {
                        margin:10px;
                        width:100px;
                        height:100px;
                        line-height:100px;
                        text-align:center;
                }
                .div1{box-shadow:0 0 12px #333;}
                .div2{box-shadow:0 0 12px #333 inset;}
        </style>
</head>
<body>
        <div class="div1">外阴影</div>
        <div class="div2">内阴影</div>
</body>
</html>
```

在浏览器中预览的效果如图 3-15 所示。

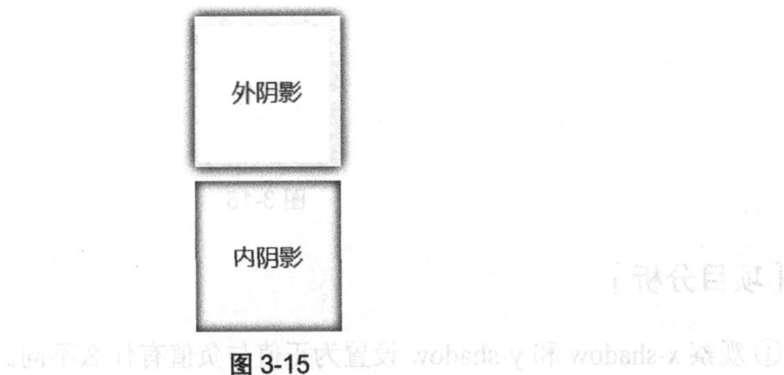

图 3-15

分析：在默认情况下，边框阴影是外阴影效果。设置最后一个属性值为 inset 时，边框阴影为内阴影效果。

技巧：制作外发光或者内发光的效果。当边框水平阴影位置 x-shadow 和边框垂直阴影位置 y-shadow 的值都为 0 时，边框阴影都向外发散或者都向内发散。

（5）4 条边框独立样式

box-shadow 属性可以为边框的 4 条边设置独立样式。其中，每条边的阴影属性值之间用英文逗号隔开即可。

语法如下。

```
box-shadow: 左边阴影,顶部阴影,底部阴影,右边阴影;
```

说明：注意偏移半径的正负值。

示例代码如下。

```
<!DOCTYPE html>
<html >
<head>
        <title>CSS3 box-shadow 属性</title>
        <style type="text/css">
                #div1
                {
                        width:100px;
                        height:100px;
                        line-height:100px;
                        text-align:center;
                        box-shadow:-5px 0 12px red,
                                   0 -5px 12px yellow,
                                   0 5px 12px blue,
                                   5px 0 12px green;
                }
        </style>
</head>
<body>
        <div id="div1">外阴影</div>
</body>
</html>
```

在浏览器中预览的效果如图 3-16 所示。

图 3-16

[项目分析]

① 观察 x-shadow 和 y-shadow 设置为正值与负值有什么不同。

② 模糊半径 blur 用于设置边框阴影模糊半径的大小。

③ 阴影尺寸 spread 用于设置边框阴影的大小。如果值为正，则整个边框阴影延展扩大；如果值为负，则整个边框阴影缩小。

④ box-shadow 属性最后一个属性值用于设置阴影为内阴影或外阴影。在默认情况下，边框阴影是外阴影效果。设置最后一个属性值为 inset 时，边框阴影为内阴影效果。

⑤ 这里注意一个技巧：当边框水平阴影位置 x-shadow 和边框垂直阴影位置 y-shadow 的值都为 0 时，边框阴影都向外发散或者都向内发散。

[代码实现]

CSS 样式代码如下。

```
body {
    background: #075498;
}
.button {
    width: 100px;
    line-height: 40px;
    height: 40px;
    padding-left: 2em;
    color: #fff;
    background: #FF9900;
    padding-left: 20px;
    -webkit-box-shadow: 3px 3px 2px 1px #FF9900;
    box-shadow: 3px 3px 2px 1px #FF9900;
}
.button1 {
    width: 200px;
    padding: 10px;
    background: #eee;
    color: #000;
    margin: 50px;
    -webkit-box-shadow: 2px 2px 5px 1px #666 inset;
    box-shadow: 2px 2px 5px 1px #666 inset;
}
.box {
    width: 200px;
    height: 200px;
    background: #ccc;
    box-shadow: 0px 0px 10px #F00;
```

```
    margin: 50px auto;
}
.box1 {
    width: 200px;
    height: 200px;
    line-height: 200px;
    padding-left: 10px;
    background: rgba(255, 255, 255, 0.8);
    border-radius: 100px;
    box-shadow: 0px 0px 50px 20px #Ff0;
    margin: 50px auto;
}
```

[项目总结]

在 CSS3 中，我们可以使用 box-shadow 属性轻松地为边框添加阴影效果。

【应用项目】仿青年帮案例展示效果

[项目描述]

打开青年帮网站，参考案例展示，观察鼠标指针悬停的动态效果，完成如图 3-17 所示的效果。

图 3-17

[项目分析]

HTML 结构分析：

打开青年帮网站首页，选择“案例展示”，按 F12 键打开审查元素，对效果图的结构分析如下。

① 本项目区域的所有内容需要放在一个<section>结构标签中，但是根据本次项目的需

要，请将<section>修改成<div class="box">。

② 所有内容图片和文字是带有链接的内容，需要放入<a></a>标签中。

③ 标题文字“三雄极光照明有限公司”，需要放入<h3></h3>标题标签中，方便 SEO 搜索引擎的查找。

④ 将段落文字“三雄极光照明有限公司，打造照明行业第一品牌，网站是简洁的设计风格，打造不一样的企业网站。”，单独放入一个标签中，可以是<p></p>，也可以是<div></div>。

修改后的 HTML 结构代码如下。

```
<div class="box">
    <a href="">
        <img src="https://web.qingnian8.com/uploads/image/20160425/1461600675.jpg">
        <div>
            <h3>三雄极光照明有限公司</h3>
            <p>三雄极光照明有限公司，打造照明行业第一品牌，网站是简洁的设计风格，打造不一样的企业网站。</p>
        </div>
    </a>
</div>
```

[代码实现]

CSS 样式代码如下。

```
.box {
    width: 240px;
    height: 280px;
    position: relative;
    box-shadow: 10px 10px 0 0 rgba(0, 0, 0, 0.2);
}
.text {
    width: 240px;
    height: 50px;
    font-size: 12px;
    background-color: #666;
    color: #FFF;
    font-family: "微软雅黑";
    text-align: center;
    overflow: hidden;
    position: absolute;
    left: 0px;
    bottom: 0px;
    -o-transition: height 2s;
    -moz-transition: height 2s;
    -webkit-transition: height 2s;
    transition: height 2s;
}
/*.box .text{
    display:none;}*/

.box:hover .text {
    display: block;
    height: 100px;
}
```

[项目总结]

请读者自行完成延展项目：多重边框效果和圆点光环效果。

任务三 渐变

CSS3 渐变共有 2 种：线性渐变（linear-gradient）、径向渐变（radial-gradient）。

1. 线性渐变

线性渐变是指在一条直线上进行渐变，在网页中大多数的渐变效果都是线性渐变。

2. 径向渐变

径向渐变是指从起点到终点颜色从内到外进行圆形或椭圆形渐变（从中间向外拉，像圆一样）。

【基本项目 1】线性渐变——彩虹背景文字效果

[项目描述]

在网页中，我们经常可以看到各种各样的渐变效果，包括渐变背景、渐变导航、渐变按钮等。在网页中添加渐变效果，可以使网页更加美观大方，用户体验更加良好。本项目完成彩虹背景文字效果，如图 3-18 所示。

图 3-18

[前导知识]

在 CSS3 中，线性渐变是指在一条直线上进行渐变。

语法如下。

```
background:linear-gradient(方向, 开始颜色, 结束颜色);
```

说明如下。

线性渐变的方向取值有 2 种，分别是角度（deg）和关键字，如表 3-2 所示。

表 3-2

线性渐变的方向取值（关键字）	对应角度值	说　明
to top	0deg	从下到上
to right	90deg	从左到右
to bottom	180deg	从上到下（默认值）
to left	270deg	从右到左

（续表）

线性渐变的方向取值（关键字）	对应角度值	说　　明
to top left		从右上角到左上角（斜对角）
to top right		从左下角到右上角（斜对角）

[项目分析]

彩虹背景文字效果采用的是线性渐变，“background:linear-gradient(to right, red, orange, yellow, green, blue, indigo, violet);”表示线性渐变的方向为“从左到右”，开始颜色为红色（red），结束颜色为紫色（violet）。

要实现彩虹背景，需要同时定义 7 种不同的颜色。

[代码实现]

CSS 样式代码如下。

```
#grad1 {
    height: 55px;
    background: -webkit-linear-gradient(left, red, orange, yellow, green, blue, indigo, violet);
    /* Safari 5.1 ~ 6.0 */

    background: -o-linear-gradient(left, red, orange, yellow, green, blue, indigo, violet);
    /* Opera 11.1 ~ 12.0 */

    background: -moz-linear-gradient(left, red, orange, yellow, green, blue, indigo, violet);
    /* Firefox 3.6 ~ 15 */

    background: linear-gradient(to right, red, orange, yellow, green, blue, indigo, violet);
    /* 标准的语法（必须放在最后） */
}
```

[项目总结]

本项目主要学习了线性渐变。线性渐变的方式有从上到下、从左到右、对角、不同角度的渐变、使用多个颜色节点的渐变等。彩虹背景文字的线性渐变就是使用了多个颜色节点的渐变。

【基本项目 2】径向渐变——背景图案效果

[项目描述]

在 CSS3 中，径向渐变是指从起点到终点颜色从内到外进行圆形或椭圆形渐变（从中间向外拉，像圆一样）。CSS3 径向渐变是圆形或椭圆形渐变，颜色不再沿着一条直线渐变，而是从一个起点向所有方向渐变。本项目利用径向渐变制作一个背景图案效果，如图 3-19 所示。

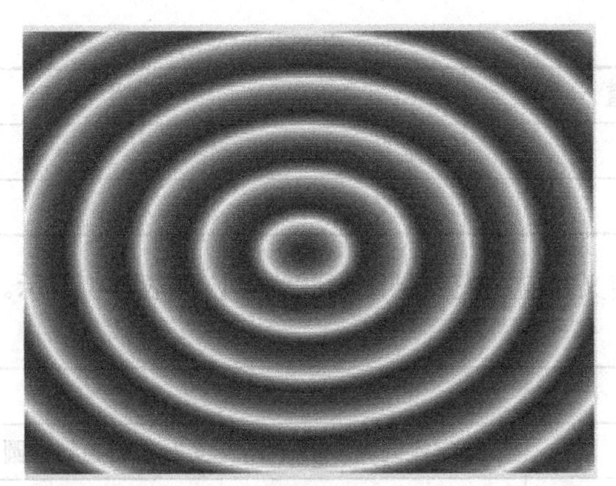

图 3-19

[前导知识]

径向渐变属性语法如下。

```
background:radial-gradient(position,shape size,start-color,stop-color)
```

取值说明如下。

- position：定义圆心位置。
- shape size：由 2 个参数组成，shape 定义形状（圆形或椭圆形），size 定义大小。
- start-color：定义开始颜色值。
- stop-color：定义结束颜色值。

position、shape size 是可选参数，如果省略，则表示该项参数采用默认值。

start-color 和 stop-color 为必填参数。

（1）定义圆心位置 position

position 用于定义径向渐变的圆心位置，属性值可使用长度值，如 px、em 或百分比等；关键字 2 种方式表示，如表 3-3 所示。

表 3-3

圆心位置取值（关键字）	说　明	圆心位置取值（关键字）	说　明
center	中部（默认值）	top right	右上
top	顶部	left center	靠左居中
right	右部	center center	正中
bottom	底部	right center	靠右居中
left	左部	bottom left	左下
top left	左上	bottom center	靠下居中
top center	靠上居中	bottom right	右下

（2）定义形状 shape 和定义大小 size

①定义形状 shape 的取值如表 3-4 所示。

表 3-4

shape 参数取值	说　明
circle	定义径向渐变为“圆形”
ellipse	定义径向渐变为“椭圆形”

② size 主要用于定义径向渐变的结束形状大小，如表 3-5 所示。

表 3-5

size 参数取值	说　明
closest-side	指定径向渐变的半径长度为从圆心到距圆心最近的边
closest-corner	指定径向渐变的半径长度为从圆心到距圆心最近的角
farthest-side	指定径向渐变的半径长度为从圆心到距圆心最远的边
farthest-corner	指定径向渐变的半径长度为从圆心到距圆心最远的角

（3）开始颜色值 start-color 和结束颜色值 stop-color

start-color 用于定义开始颜色值，stop-color 用于定义结束颜色值。颜色可以为关键字、十六进制颜色值、rgba 颜色值等。

径向渐变接受一个颜色值列表，用于同时定义多种颜色的径向渐变。

[项目分析]

本项目的背景图案效果是利用重复径向渐变制作的。

[代码实现]

CSS 样式代码如下。

```
#grad1 {
    height: 150px;
    width: 200px;
    background: -webkit-repeating-radial-gradient(red, yellow 10%, green 15%);
    /* Safari 5.1 ~ 6.0 */

    background: -o-repeating-radial-gradient(red, yellow 10%, green 15%);
    /* Opera 11.6 ~ 12.0 */

    background: -moz-repeating-radial-gradient(red, yellow 10%, green 15%);
    /* Firefox 3.6 ~ 15 */

    background: repeating-radial-gradient(red, yellow 10%, green 15%);
    /* 标准的语法（必须放在最后） */
}
```

[项目总结]

本项目是重复径向渐变的应用。灵活使用 position、start-color 和 stop-color 参数设置多个颜色值和控制颜色的位置，可以为径向渐变增添特殊效果。

任务四　背景图片的大小

【基本项目】响应式图片效果

[项目描述]

在 CSS3 中，用户可以使用 background-size 属性来设置背景图片的大小。本项目主要通过示例，详细讲解 background-size 属性。项目效果如图 3-20 所示。

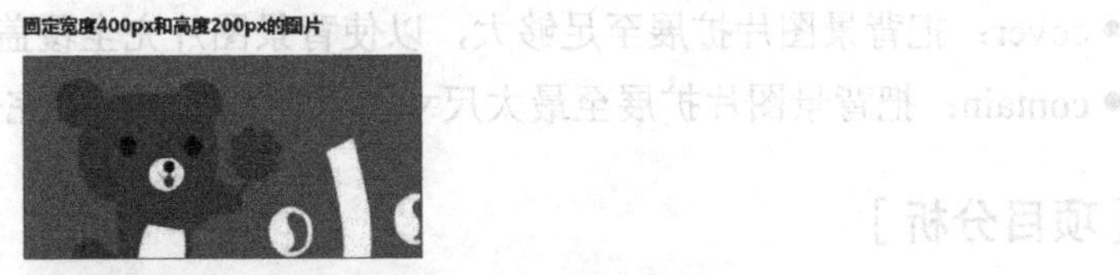

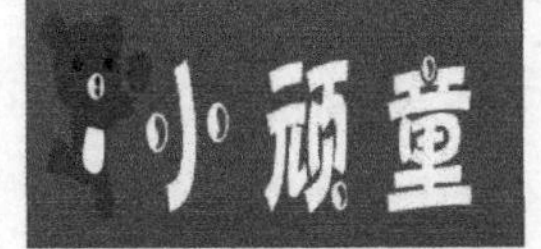

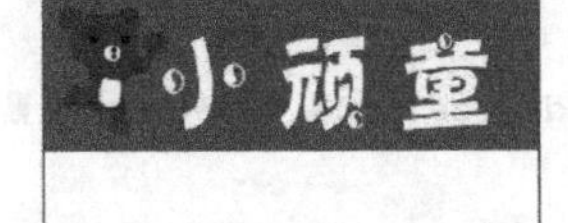

图 3-20

[前导知识]

background-size 属性语法如下。

```
background-size: length | percentage | cover | contain;
```

取值说明如下。

- length：该属性值用于设置背景图片的宽度和高度，第一个值是宽度，第二个值是高度。如果只设置第一个值，那么第二个值会自动转换为“auto”。
- percentage：该属性值是以父元素的百分比来设置图片的宽度和高度的，第一个值是宽度，第二个值是高度。如果只设置第一个值，那么第二个值会被设置为“auto”。
- cover：把背景图片扩展至足够大，以使背景图片完全覆盖背景区域。
- contain：把背景图片扩展至最大尺寸，以使宽度和高度完全适应内容区域。

[项目分析]

本项目要实现如下缩放设置。

- 固定宽度 400px 和高度 200px 的图片。
- 固定宽度 400px 和高度 200px：使用 background-size:400px 200px 的缩放设置。
- 固定宽度 400px 和高度 200px：使用 background-size:400px 的缩放设置。
- 固定宽度 400px 和高度 200px：使用 background-size:100% 100%的缩放设置。
- 固定宽度 400px 和高度 200px：使用 background-size:100%的缩放设置。
- 使用 cover 属性来设置背景图片。
- 使用 contain 属性来设置背景图片。

[代码实现]

1. HTML 结构代码

```
<h3>原图</h3>
<div class="images"><img src="/uploads/user_upload/36477/bear.jpg" width="100%" />
</div>

<h3>固定宽度 400px 和高度 200px 的图片</h3>
<div class="bsize1"></div>

<h3>固定宽度 400px 和高度 200px: 使用 background-size:400px 200px 的缩放设置</h3>
<div class="bsize1 bsize2"></div>

<h3>固定宽度 400px 和高度 200px: 使用 background-size:400px 的缩放设置</h3>
<div class="bsize1 bsize3"></div>

<h3>固定宽度 400px 和高度 200px: 使用 background-size:100% 100%的缩放设置</h3>
<div class="bsize1 bsize4"></div>

<h3>固定宽度 400px 和高度 200px: 使用 background-size:100%的缩放设置</h3>
<div class="bsize1 bsize5"></div>
```

```
<h3>使用 cover 属性来设置背景图片</h3>
<div class="bsize1 cover"></div>

<h3>使用 contain 属性来设置背景图片</h3>
<div class="bsize1 contain"></div>
```

2. CSS 样式代码

```
.bsize1 {
    width: 400px;
    height: 200px;
    background: url("/uploads/user_upload/36477/bear.jpg") no-repeat;
    border: 1px solid red;
    overflow: hidden;
}
.bsize2 {
    background-size: 400px 200px;
}
.bsize3 {
    background-size: 400px;
}
.bsize4 {
    background-size: 100% 100%;
}
.bsize5 {
    background-size: 100%;
}
.cover {
    background-size: cover;
}
.contain {
    background-size: contain;
}
```

[项目总结]

背景图片不同于<img>标签引用的图片，对于<img>标签引用的图片，我们可以使用 width 和 height 属性来设置，但是 width 和 height 这两个属性不能用于设置背景图片的大小。因此，在 CSS3 中，引入了 background-size 属性来设置背景图片的大小。

任务五　背景图片的定位

【基本项目 1】background-origin

[项目描述]

边框、内边距、内容区域是 CSS 盒子模型的内容。在 CSS 盒子模型中，任何元素都可以被看作一个盒子。在 CSS 盒子模型中，默认的背景图片都是从内边距开始平铺的，在

CSS3 中可以使用 background-origin 属性控制背景图片平铺的开始位置。背景图片平铺的位置分为边框、内边距或内容区域。项目效果如图 3-21 所示。

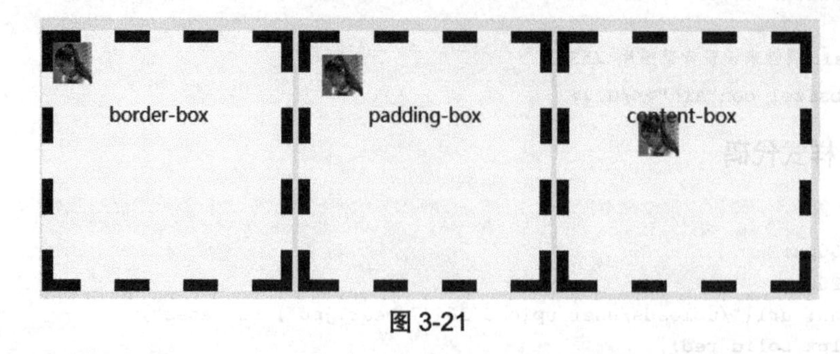

图 3-21

[前导知识]

在 CSS3 中，用户可以使用 background-origin 属性来设置背景图片平铺的开始位置。语法如下。

```
background-origin:属性值;
```

background-origin 的属性值如表 3-6 所示。

表 3-6

属 性 值	说 明
border-box	表示背景图片从边框开始平铺
padding-box	表示背景图片从内边距开始平铺（默认值）
content-box	表示背景图片从内容区域开始平铺

[项目分析]

background-position 属性默认相对于左上角的位置开始平铺，也就是浏览器默认采用“background-position:top left;”。因此，不管 background-origin 属性值如何变化，背景图片都是从“左上”开始平铺的。

background-origin 属性往往是配合 background-position 属性来使用的。

[代码实现]

1. HTML 结构代码

```
<div class="bg_origin_border">border-box</div>
<div class="bg_origin_padding">padding-box</div>
<div class="bg_origin_content">content-box</div>
```

2. CSS 样式代码

```
div {
    width: 100px;
    height: 100px;
```

```
    padding: 50px;
    border: 10px dashed #000000;
    background: #ffff00 url('/uploads/user_upload/36477/smallbaby.jpg') no-repeat;
    margin-top: 10px;
    display: inline-block;
}
.bg_origin_border {
    background-origin: border-box;
    background-position: 10px 10px;
}
.bg_origin_padding {
    background-origin: padding-box;
    background-position: 10px 10px;
}
.bg_origin_content {
    background-origin: content-box;
    background-position: 10px 10px;
}
```

[项目总结]

在 CSS3 中，用户可以使用 background-origin 属性来设置背景图片的起始位置。默认浏览器解析的背景图片平铺的起始位置是左上角。使用 background-origin 属性可以告诉浏览器 background-position 是相对于哪里定位的。

【基本项目 2】background-clip

[项目描述]

在 CSS3 中，使用 background-clip 属性将背景图片根据实际需要进行剪切。background-clip 属性指定了背景图片在哪些区域可以显示，但与背景图片平铺的位置（即 background-origin 属性）无关。背景图片平铺的位置可以出现在不显示背景图片的区域。项目效果如图 3-22 所示。

图 3-22

[前导知识]

background-clip 属性语法如下。

```
background-clip:属性值;
```

background-clip 的属性值如表 3-7 所示。

表 3-7

属 性 值	说 明
border-box	默认值，表示从边框 border 开始剪切
padding-box	表示从内边距 padding 开始剪切
content-box	表示从内容区域 content 开始剪切

[项目分析]

这个项目主要让读者明白 background-clip 属性实现的效果，这个属性实现的效果和 Photoshop 中制作遮罩的效果类似。读者可以打开代码中的注释，运行代码并观察效果。注意观察 background-position 的取值对 background-clip 效果的影响。

[代码实现]

1. HTML 结构代码

```
<div class="bg_clip_border">border-box</div>
<div class="bg_clip_padding">padding-box</div>
<div class="bg_clip_content">content-box</div>
```

2. CSS 样式代码

```
div {
    width: 100px;
    height: 100px;
    padding: 50px;
    border: 10px dashed #000000;
    background: #ffff00 url('../images/smallbaby.jpg') no-repeat;
    margin-top: 10px;
    display: inline-block;
}
.bg_clip_border {
    background-clip: border-box;
    /*background-position: -10px -10px;*/
}
.bg_clip_content {
    background-clip: content-box;
    /*background-position: -10px -10px;*/
}
.bg_clip_padding {
    background-clip: padding-box;
    /*background-position: -10px -10px;*/
}
```

[项目总结]

在 CSS3 中，background-clip 属性的通俗作用就是指定元素背景所在的区域，有 3 种取值。

① border-box：默认值，表示元素的背景从 border 区域（包括 border）内部开始保留。

② padding-box：表示元素的背景从 padding 区域（包括 padding）内部开始保留。

③ content-box：表示元素的背景从内容区域内部开始保留。

任务六　多重背景

【基本项目】多重背景

[项目描述]

CSS3 可以制作多重背景图片的效果，如图 3-23 所示。

图 3-23

[前导知识]

background 属性语法如下。

```
background: [background-image]|[background-origin]|[background-clip]|[background-repeat]|[background-size]|[background-position]
```

相关属性如下。

```
background-image|background-origin|background-clip|background-repeat|background-size|background-position
```

取值说明如下。

- background-image：指定或检索对象的背景图片。
- background-origin：指定背景图片的显示区域。
- background-clip：指定背景图片的裁剪区域。

- background-repeat：设置背景图片平铺的方式。
- background-size：指定背景图片的大小。
- background-position：设置背景图片的位置。

说明如下。

多重背景图片可以把不同背景图片放到一个块元素中。

多张背景图片的 URL 之间使用逗号隔开；如果有多张背景图片，而其他属性只有一个（例如，background-repeat 只有一个），则表明所有背景图片应用该属性值，缩写时使用英文逗号隔开每组值。

[项目分析]

CSS3 多重背景图片效果的实现主要使用了 background 属性的多次叠加，缩写时使用英文逗号隔开每组值。

[代码实现]

1. HTML 结构代码

```
<div class="div1">
</div>
```

2. CSS 样式代码

```
.div1 {
    margin: 50px auto;
    width: 700px;
    height: 450px;
    border: 10px dashed #ff00ff;
    background-image: url(/uploads/user_upload/36477/chp10-1.jpg), url(/uploads/user_upload/
36477/chp10-2.jpg), url(/uploads/user_upload/36477/chp10-3.jpg), url(/uploads/user_upload/
36477/chp10-4.jpg), url(/uploads/user_upload/36477/chp10-5.jpg);
    background-repeat: no-repeat, no-repeat, no-repeat, no-repeat, no-repeat;
    background-position: top left, top right, bottom left, bottom right, center center;
}
```

[项目总结]

本项目主要使用多重背景属性，实现网页中常见的照片墙效果和特殊的背景效果。

【应用项目】扑克牌效果

[项目描述]

利用多重背景的属性，完成扑克牌效果，如图 3-24 所示。

图 3-24

[项目分析]

本项目主要考查多重背景属性的应用。使用 background 属性的多次叠加，缩写时使用英文逗号隔开每组值。如下代码是 background-image、background-repeat、background-position 三个子属性的叠加使用写法。

```
.div1{
    ...
    background:url(images/1.jpg) no-repeat top left,
               url(images/2.jpg) no-repeat top right,
               url(images/3.jpg) no-repeat bottom left,
               url(images/4.jpg) no-repeat bottom right,
               url(images/5.jpg) no-repeat center center;
    ...
}
```

[代码实现]

1. HTML 结构代码

```
<div class="card bigToSmall"></div>
```

2. CSS 样式代码

```
.card {
    border: 1px solid #ccc;
    padding: 10px;
    height: 550px;
    width: 420px;
 }
.bigToSmall {
    background-image: url("/uploads/user_upload/36477/a1.jpg"), url("/uploads/user_upload/
36477/a2.jpg"), url("/uploads/user_upload/36477/a3.jpg");
```

```
    background-position: 0 0pt, 45px 55px, 90px 100px;
    background-repeat: no-repeat;
    -moz-background-origin: content-box;
    -webkit-background-origin: content-box;
    -o-background-origin: content-box;
    background-origin: content-box;
}
```

[项目总结]

本项目主要练习的知识点是多重背景属性，利用多重背景属性制作层叠效果。

任务七　文字阴影

【基本项目】文字阴影效果

[项目描述]

在 CSS3 中，增加了丰富的文本修饰效果，使得网页更加美观。本项目给出了 13 种特效文字，读者在制作特效文字时可以不使用 Photoshop 就可以完成。项目效果如图 3-25 所示。

图 3-25

[前导知识]

text-shadow 属性语法如下。

```
text-shadow:x-offset  y-offset  blur  color;
```

取值说明如下。

● x-offset：（水平阴影）表示阴影的水平偏移距离，单位可以是 px、em 或百分比等。如果值为正，则阴影向右偏移；如果值为负，则阴影向左偏移。

- y-offset：（垂直阴影）表示阴影的垂直偏移距离，单位可以是 px、em 或百分比等。如果值为正，则阴影向下偏移；如果值为负，则阴影向上偏移。
- blur：（模糊距离）表示阴影的模糊程度，单位可以是 px、em 或百分比等。blur 的值不能为负。值越大，阴影越模糊；值越小，阴影越清晰。
- color：（阴影的颜色）表示阴影的颜色。

[项目分析]

实现描边效果主要运用两个阴影，第一个向左上投影，而第二个向右下投影。需要注意的是，制作描边的阴影效果不使用模糊值，也就是将 blur 的值设为 0。

辉光效果：设置较大的模糊半径来增加文字的辉光效果，读者可以通过改变不同的模糊半径值来达到不同的效果，也可以同时增加几个不同的半径值，创造多种不同的阴影效果。

内投影和浮雕效果：主要运用文字颜色与背景颜色不同的原理，产生一种内陷的感觉。模糊值一定要设置为 0，使文字不具有任何模糊效果。

模糊效果：把文本的前景色设置为透明色（transparent），模糊值越大，效果越模糊；不设置任何方向的偏移值。

结合前面的浮雕效果，制作一个带有模糊的浮雕效果。

立体文字效果：制作原理和 Photoshop 一样，在 Photoshop 中，在文字的下方或上方复制多个图层，并把每层向左上方或右下方移动 1px 距离，从而制作出立体效果，同时层数越多，越厚重。

而利用 text-shadow 制作就是使用多个阴影，并把阴影色设置相同，一般使用 rgba 颜色。

vintage retro 风格的文字效果是由两个文本阴影合成的，这里需要注意的是，第一个阴影色和背景色相同；第二个阴影色和文本前景色相同。

anaglyphic 文字效果起到一种补色的作用，从而制作出一种三维效果图。这种效果主要是由文字颜色的 rgba 色和文字阴影色的 rgba 色组合而成的。在文字颜色和阴影颜色上同时使用 rgba 色，使底层的文字通过影子可见。

[代码实现]

1. HTML 结构代码

```
<div class="demo1">TEXT SHADOW</div>
<div class="demo2">描边文字</div>
<div class="demo3">外发光</div>
<div class="demo4">外发光</div>
<div class="demo5">内投影</div>
<div class="demo6">浮雕</div>
<div class="demo7">模糊</div>
<div class="demo8">模糊浮雕</div>
<div class="demo9">INSET EFFECT</div>

<div class="demo10">立体文字</div>
<div class="demo11">立体文字</div>
<div class="demo12">VINTAGE/RETRO</div>
```

```
<div class="demo13">ANAGLYPHIC</div>
```

2. CSS 样式代码

```
div {
    background: #666666;
    width: 440px;
    padding: 30px;
    font: bold 55px/100% "微软雅黑", "Lucida Grande", "Lucida Sans", Helvetica, Arial, Sans;
    ;
    color: #fff;
    text-transform: uppercase;
}
.demo1 {
    text-shadow: red 0 1px 0;
}
.demo2 {
    color: #fff;
    text-shadow: 1px 1px 0 #f96, -1px -1px 0 #f96;
}
.demo3 {
    text-shadow: 0 0 20px red;
}
.demo4 {
    text-shadow: 0 0 5px #fff, 0 0 10px #fff, 0 0 15px #fff, 0 0 40px #ff00de, 0 0 70px #ff00de;
}
.demo5 {
    color: #000;
    text-shadow: 0 1px 1px #fff;
}
.demo6 {
    color: #ccc;
    text-shadow: -1px -1px 0 #fff, 1px 1px 0 #333, 1px 1px 0 #444;
}
.demo7 {
    color: transparent;
    text-shadow: 0 0 5px #f96;
}
.demo8 {
    color: transparent;
    text-shadow: 0 0 6px #F96, -1px -1px #FFF, 1px -1px #444;
}
.demo9 {
    color: #566F89;
    background: #C5DFF8;
    text-shadow: 1px 1px 0 #E4F1FF;
}
.demo10 {
    color: #fff;
    text-shadow: 1px 1px rgba(197, 223, 248, 0.8), 2px 2px rgba(197, 223, 248, 0.8), 3px 3px
rgba(197, 223, 248, 0.8), 4px 4px rgba(197, 223, 248, 0.8), 5px 5px rgba(197, 223, 248, 0.8),
6px 6px rgba(197, 223, 248, 0.8);
}
.demo11 {
```

```
    color: #fff;
    text-shadow: -1px -1px rgba(197, 223, 248, 0.8), -2px -2px rgba(197, 223, 248, 0.8), -3px
-3px rgba(197, 223, 248, 0.8), -4px -4px rgba(197, 223, 248, 0.8), -5px -5px rgba(197, 223,
248, 0.8), -6px -6px rgba(197, 223, 248, 0.8);
}
.demo12 {
    color: #eee;
    text-shadow: 5px 5px 0 #666, 7px 7px 0 #eee;
}
.demo13 {
    color: rgba(255, 179, 140, 0.5);
    text-shadow: 3px 3px 0 rgba(180, 255, 0, 0.5);
}
```

[项目总结]

在 CSS3 中，增加了丰富的文本修饰效果，使得网页更加美观。常用的 CSS3 文本属性包括 text-shadow 文字阴影、text-stroke 文字描边、text-overflow 文本溢出处理、word-wrap 长单词或 URL 强制换行、@font-face 自定义字体（这部分我们将在下一单元进行介绍）。

单元四
自定义字体和图标文字

案例视频资源

教学导航

知识技能目标

● 掌握 CSS3 自定义字体的方法。

● 能使用 CSS3 定义各种图标文字。

教学案例

【应用项目】网页中的图标文字。

重点知识

@font-face 规则。

【应用项目】网页中的图标文字

[项目描述]

打开青年帮网站首页，观察网页中的图标文字和自定义字体文字，完成如图 4-1 所示的效果。

图 4-1

[前导知识]

下面介绍 CSS3 的@font-face 规则。

在 CSS3 之前，Web 设计师必须使用已在用户计算机上安装好的字体进行相关设计。

通过 CSS3，Web 设计师可以使用任意喜欢的字体。

当用户找到或购买到希望使用的字体时，可将该字体文件存放到 Web 服务器上，它会在用户需要时被自动下载到用户的计算机上。

Firefox、Chrome、Safari 及 Opera 浏览器支持.ttf（True Type Fonts）和.otf（Open Type Fonts）类型的字体。

语法如下。

```
@font-face{
      font-family: myFirstFont;
      src: url('Sansation_Light.ttf'),
            url('Sansation_Light.eot');
}
```

说明如下。

- 首先将需要使用的字体文件放在本地的网站文件夹中，一般放在 fonts 文件夹中。
- 使用@font-face 自定义所需要的字体。关键的两个属性：font-face 表示自定义字体的名字，用户可以自己给字体起一个名字；src 是一个路径地址，表示把需要的字体格式引入。一般引入一种字体格式就可以了。本项目引入了两种格式的字体。
- 用户也可以使用@font-face 定义漂亮的图标。

示例代码如下。

```
@font-face{
    font-family:"xihei";
    src:url(font/xihei.TTF);
}

@font-face{
    font-family:"菱心体";
    src:url(font/lingxin.ttf);
}
h1{ font-family:xihei; font-size:60px;}
p{ font-family:"菱心体"}
```

[项目分析]

第一步：登录到阿里巴巴矢量图标库，利用搜索工具，搜索关键字，找到喜欢的图标。

第二步：加入我的项目。

第三步：打开我的项目，把图标文件下载下来，然后把.ttf 格式的字体文件放在 fonts 文件夹中。

第四步：定义图标字体。

```
@font-face {
    font-family: 'iconfont';
    src: url('../fonts/iconfont3.ttf');
}
```

第五步：在 HTML 结构中引入该字体的编码，这个编码可以在我的项目中找到。

[代码实现]

1. HTML 结构代码

```
<div class="us">
    <i class="iconfont">&#xe600;</i> 关注我们
```

```
    </div>
```

2. CSS 样式代码

```
@font-face {
    font-family: 'iconfont';
    src: url('../fonts/iconfont3.ttf');
}
.iconfont {
    font-family: "iconfont";
    font-size: 16px;
    font-style: normal;
}
.us {
    background: #009fca;
    height: 85px;
    line-height: 85px;
    font-size: 14px;
    font-weight: 900;
    padding: 0 30px;
    color: #fff;
    text-indent: 10px;
    position: relative;
    transition: 0.5s;
}
```

[项目总结]

从上述内容可知，如果想要定义字体，需要以下 2 步。

① 使用@font-face 方法定义字体名称。

② 使用 font-family 属性引用该字体。

通过@font-face 方法可以很好地使所有用户展示相同的字体效果。

单元五

CSS3 过渡效果

案例视频资源

教学导航

知识技能目标

- 掌握 CSS3 过渡属性。
- 会制作网页动画的过渡效果。

教学案例

【基本项目】变色并扩展小方块效果。

【应用项目 1】仿青年帮导航条设计——圆角过渡效果。

【应用项目 2】仿青年帮导航条设计——下拉框效果。

【应用项目 3】仿 17 素材网作品展示效果。

重点知识

CSS3 过渡属性 transition 的使用方法。

【基本项目】变色并扩展小方块效果

[项目描述]

transform（变形）、transition（过渡）和 animation（动画）是 CSS3 动画的三大部分。本项目详细讲解 CSS3 过渡效果。

[前导知识]

当元素从一种样式变换为另一种样式时，通过 CSS3，我们可以在不使用 Flash 动画或 JavaScript 的情况下，为元素添加动画效果。这种效果在 CSS3 中，使用 transition 属性来实现。

在 CSS3 中，使用 transition 属性在指定的时间内将元素的某一个属性从“一个属性值”平滑地过渡到“另一个属性值”来实现动画效果。过渡是元素从一种样式逐渐改变为另一种样式的效果。

transition 属性语法如下。

```
transition:属性 持续时间 过渡方法 延迟时间;
```

说明如下。

transition 属性是一个复合属性，主要包含如下 4 个子属性。

① transition-property：定义对元素的哪一个属性进行操作。

② transition-duration：过渡的持续时间。

③ transition-timing-function：过渡使用的方法（函数）。

④ transition-delay：可选属性，指定过渡开始出现的延迟时间。

[项目分析]

本项目的效果是通过 transition 属性指定的：当鼠标指针移动到 div 元素上时，在 2s 内使 div 元素的背景颜色从蓝色平滑过渡到黄色。

[代码实现]

CSS 样式代码如下。

```
div {
    width: 100px;
    height: 100px;
    background-color: blue;
    -webkit-transition: all 2s;
}
div:hover {
    width: 300px;
    background-color: yellow;
}
```

[项目总结]

在 CSS3 中，我们可以使用 transition 属性来实现动画效果。

本项目主要使用 transition-property 和 transition-duration 属性来实现元素从一个状态平滑地过渡到另一个状态的动画效果。

【应用项目 1】仿青年帮导航条设计——圆角过渡效果

[项目描述]

本项目模仿青年帮导航条的设计效果，当鼠标指针悬停在导航项上时，其渐变成圆角效果，如图 5-1 所示。

图 5-1

[项目分析]

HTML 结构分析。

```
<nav>
    <ul>
        <li><a href="">首页</a>
        </li>
        <li><a href="">案例展示</a>
        </li>
        <li><a href="">最新文章</a>
        </li>
    </ul>
</nav>
```

[代码实现]

CSS 样式代码如下。

```
nav {
    width: 100%;
    height: 50px;
    background-color: #69C
}
ul {
    list-style: none;
    font-size: 16px;
    font-family: xihei;
}
li {
    float: left;
    margin-left: 50px;
    height: 50px;
    line-height: 50px;
}
a {
    color: #fff;
    text-decoration: none;
    display: block;
    padding: 5px 30px;
    margin: 5px;
    height: 30px;
    line-height: 30px;
    -webkit-transition: all 0.2s;
    border-radius: 15px;
}
a:hover {
    border: 1px solid #FFF;
    background-color: #6CF
}
```

[项目总结]

本项目主要练习的知识点是过渡效果，综合使用圆角、过渡等属性，制作网站中常见的应用效果。

【应用项目 2】仿青年帮导航条设计——下拉框效果

[项目描述]

本项目模仿青年帮导航条的设计效果，当鼠标指针悬停在导航项“关注我们”上时，渐变出现下拉框效果。项目效果如图 5-2 所示。

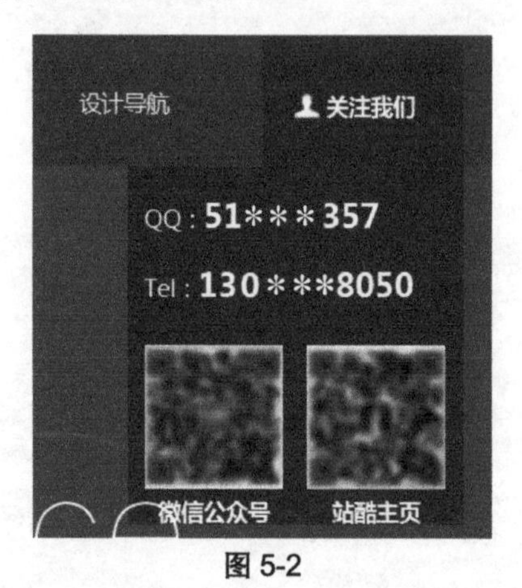

图 5-2

[项目分析]

HTML 结构分析。

```
<div class="us">
    <i class="iconfont">&#xe600;</i> 关注我们
    <div class="box">
        <ul>
            <li><span>QQ: </span>51***357</li>
            <li><span>Tel: </span>130***8050</li>
        </ul>
        <p><img src="/uploads/user_upload/36477/weixin.png">微信公众号</p>
        <p><img src="/uploads/user_upload/36477/zcool.png">站酷主页</p>
    </div>
</div>
```

[代码实现]

CSS 样式代码如下。

```
@font-face {
    font-family: 'iconfont';
    src: url('/uploads/user_upload/36477/iconfont3.ttf');
```

```
}
.iconfont {
    font-family: "iconfont" !important;
    font-size: 16px;
    font-style: normal;
}
.us {
    background: #009fca;
    height: 85px;
    line-height: 85px;
    font-size: 14px;
    font-weight: 900;
    padding: 0 30px;
    color: #fff;
    text-indent: 10px;
    position: relative;
    transition: 0.5s;
}
.us .box {
    width: 210px;
    height: 0px;
    background: #0082a5;
    position: absolute;
    top: 85px;
    left: 0;
    overflow: hidden;
    transition: 0.5s;
}
ul {
    list-style: none;
}
.us .box li {
    font-size: 20px;
    color: #fff;
    font-weight: 900;
    margin-top: 20px;
    line-height: 1em;
}
.us .box li span {
    font-size: 14px;
    color: #fff;
    font-weight: 100;
}
.us .box p {
    text-align: center;
    float: left;
    margin: 25px 5px 0 10px;
    color: #fff;
    line-height: 2em;
    font-size: 14px;
}
.us .box p img {
    display: block;
}
.us:hover {
    background-color: #0082a5;
```

```
}
.us:hover .box {
    height: 250px;
}
```

[项目总结]

本项目主要练习的知识点是过渡效果，结合位置定位、过渡属性、鼠标指针悬停等知识，制作网站中常见的应用效果。

【应用项目 3】仿 17 素材网作品展示效果

[项目描述]

打开 17 素材网，查看作品展示的效果，鼠标指针悬停在图片上时，出现“收藏 源文件”，并且图片向上轻微移动，有阴影。

本项目模仿 17 素材网作品展示效果对效果进行了简化。项目效果如图 5-3 所示。

图 5-3

[项目分析]

HTML 结构分析。

```
<div class="box">
    <a href="" target="_blank"><img src="/uploads/user_upload/36477/baby.jpg" width="200" height="200">
    </a>
    <div class="inner">
        <span>收藏</span>
        <span>源文件</span>
    </div>
</div>
```

[代码实现]

CSS 样式代码如下。

```
.box {
```

```
    width: 200px;
    height: 200px;
    margin: 100px auto;
    transition: all 0.5s;
    position: relative;
    overflow: hidden;
}
.inner {
    height: 30px;
    overflow: hidden;
    background-color: red;
    /* display:none;*/

    position: absolute;
    top: -40px;
    left: 0px;
    transition: all 0.5s;
}
.box:hover {
    /* box-shadow:3px 3px 5px #ccc,-3px -3px 5px #ccc;*/

    box-shadow: 0px 0px 20px #999;
    top: -10px;
}
.box:hover .inner {
    /*height:30px;*/

    top: 30px;
}
```

[项目总结]

本项目主要练习的知识点是过渡效果，综合使用圆角、阴影、过渡属性等知识，制作网站中常见的应用效果。

单元六

CSS3 2D 效果

案例视频资源

教学导航

知识技能目标

- 掌握 CSS3 2D 属性和函数。
- 会制作网页中的动画效果。

教学案例

【基本项目】CSS3 2D 效果案例。

【应用项目 1】CSS3 2D 综合效果——制作个性照片墙。

【应用项目 2】仿码工助手案例展示效果。

【应用项目 3】仿青年帮导航条设计——常用推荐效果。

重点知识

translate 移动效果，rotate 旋转效果，scale 缩放效果，skew 斜切效果。

【基本项目】CSS3 2D 效果案例

[项目描述]

CSS3 动画效果共包括三大部分。

① CSS3 变形。

② CSS3 过渡。

③ CSS3 动画。

本单元学习 CSS3 变形效果。

在 CSS3 中，我们可以使用 transform 属性来实现文字或图像的各种变形效果，如位移、缩放、旋转、斜切等。

[前导知识]

1. 位移 translate()函数

在 CSS3 中，使用 translate()函数将元素沿着水平方向（x 轴）和垂直方向（y 轴）移动。translate()函数分为如下 3 种情况。

① translateX(x)：元素仅在水平方向移动（x 轴移动）。

② translateY(y)：元素仅在垂直方向移动（*y* 轴移动）。

③ translate(x,y)：元素在水平方向和垂直方向同时移动（*x* 轴和 *y* 轴同时移动）。

● translateX(x)函数。

语法如下。

```
transform:translateX(x);
```

说明如下。

在 CSS3 中，所有变形函数都属于 transform 属性，前面都要加上“transform:”。

x 表示元素在水平方向（*x* 轴）的移动距离，单位为 px、em 或百分比等。

当 x 的值为正时，表示元素在水平方向向右移动（*x* 轴正方向）；当 x 的值为负时，表示元素在水平方向向左移动（*x* 轴负方向）。

示例代码如下。

```
<!DOCTYPE html>
<html>
<head>
    <title>CSS3 位移 translate()函数</title>
    <style type="text/css">
        /*设置原始元素样式*/
        .origin
        {
            margin:100px auto;/*水平居中*/
            width:200px;
            height:100px;
            border:1px dashed silver;
        }
        /*设置当前元素样式*/
        .current
        {
            width:200px;
            height:100px;
            color:white;
            background-color: #eee;
            text-align:center;
            transform:translateX(30px);
            -webkit-transform:translateX(30px);/*兼容-webkit-引擎浏览器*/
            -moz-transform:translateX(30px);  /*兼容-moz-引擎浏览器*/
        }
    </style>
</head>
<body>
    <div class="origin">
        <div class="current"></div>
    </div>
</body>
</html>
```

在浏览器中预览的效果如图 6-1 所示。

图 6-1

分析："transform:translateX(30px);"表示元素在水平方向向右移动 30px。如果把 30px 改为-30px，则元素在水平方向向左移动 30px，在浏览器中预览的效果如图 6-2 所示。

图 6-2

- translateY(y)函数。

语法如下。

```
transform:translateY(y)
```

说明如下。

y 表示元素在垂直方向（y 轴）的移动距离，单位为 px、em 或百分比等。

当 y 的值为正时，表示元素在垂直方向向下移动；当 y 的值为负时，表示元素在垂直方向向上移动。

W3C 规定的坐标系为图 6-3 中的第 2 种坐标系，其 x 轴正方向向右，而 y 轴正方向向下。而数学中用到的坐标系是图 6-3 中的第 1 种坐标系。

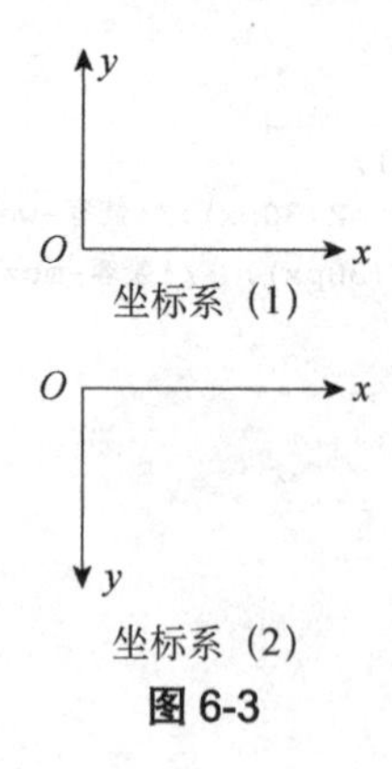

图 6-3

示例代码如下。

```
<!DOCTYPE html>
<html>
```

```
<head>
    <title>CSS3 位移 translate()函数</title>
    <style type="text/css">
        /*设置原始元素样式*/
        .origin
        {
            margin:100px auto;/*水平居中*/
            width:200px;
            height:100px;
            border:1px dashed silver;
        }
        /*设置当前元素样式*/
        .current
        {
            width:200px;
            height:100px;
            color:white;
            background-color: #eee;
            text-align:center;
            transform:translateY(30px);
            -webkit-transform:translateY(30px);/*兼容-webkit-引擎浏览器*/
            -moz-transform:translateY(30px); /*兼容-moz-引擎浏览器*/
        }
    </style>
</head>
<body>
    <div class="origin">
    <div class="current"></div>
    </div>
</body>
</html>
```

在浏览器中预览的效果如图 6-4 所示。

图 6-4

分析：在编辑器中将 30px 改为−30px 观察效果。

- translate(x,y)函数。

语法如下。

```
transform:translate(x,y)
```

说明如下。

x 表示元素在水平方向（*x* 轴）的移动距离，y 表示元素在垂直方向（*y* 轴）的移动距离。

示例代码如下。

```
<!DOCTYPE html>
<html >
<head>
    <title>CSS3 位移 translate()函数</title>
    <style type="text/css">
        /*设置原始元素样式*/
        .origin
        {
            margin:100px auto;/*水平居中*/
            width:200px;
            height:100px;
            border:1px dashed silver;
        }
        /*设置当前元素样式*/
        .current
        {
            width:200px;
            height:100px;
            color:white;
            background-color: #eee;
            text-align:center;
            transform:translate(20px,30px);
            -webkit-transform:translate(20px,30px);/*兼容-webkit-引擎浏览器*/
            -moz-transform:translate(20px,30px); /*兼容-moz-引擎浏览器*/
        }
    </style>
</head>
<body>
    <div class="origin">
        <div class="current"></div>
    </div>
</body>
</html>
```

在浏览器中预览的效果如图 6-5 所示。

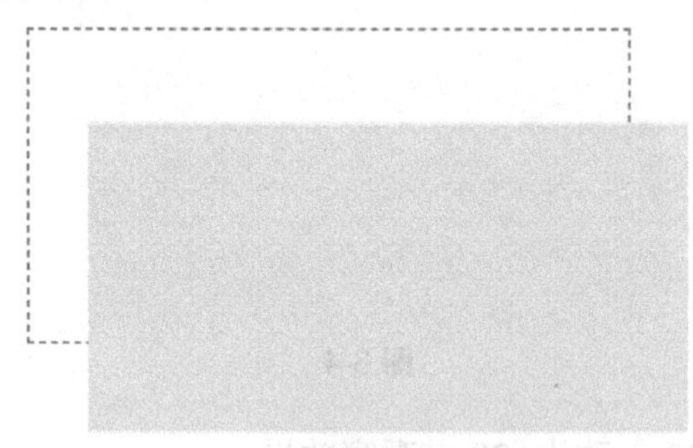

图 6-5

分析：translate()函数一般都是结合 CSS3 动画一起使用的，从而实现上下左右移动的动画效果。

2. 旋转 rotate()函数

在 CSS3 中，使用 rotate()函数将元素相对中心原点进行旋转。这里的旋转是二维的。语法如下。

```
transform: rotate(度数);
```

说明如下。

度数指的是元素相对中心原点旋转的度数，单位为 deg。其中，deg 是 degree（度数）的缩写。

如果度数为正，则表示元素相对中心原点顺时针旋转；如果度数为负，则表示元素相对中心原点逆时针旋转。

示例代码如下。

```
<!DOCTYPE html>
<html>
<head>
    <title>CSS3 旋转 rotate()函数</title>
    <style type="text/css">
        /*设置原始元素样式*/
        .origin
        {
            margin:100px auto;/*水平居中*/
            width:200px;
            height:100px;
            border:1px dashed gray;
        }
        /*设置当前元素样式*/
        .current
        {
            width:200px;
            height:100px;
            line-height:100px;
            color:#000;
            background-color: #eee;
            text-align:center;
            transform:rotate(45deg);
            -webkit-transform:rotate(45deg);  /*兼容-webkit-引擎浏览器*/
            -moz-transform:rotate(45deg);     /*兼容-moz-引擎浏览器*/
        }
    </style>
</head>
<body>
    <div class="origin">
        <div class="current">顺时针旋转 45 度</div>
    </div>
</body>
</html>
```

在浏览器中预览的效果如图 6-6 所示。

图 6-6

分析：图 6-6 中的虚线框为原始位置，灰色背景盒子为顺时针旋转 45 度后的效果。

3. 缩放 scale()函数

在 CSS3 中，使用 scale()函数将元素根据中心原点进行放大或缩小。

scale()函数分为如下 3 种情况。

① scaleX(x)：元素仅沿着水平方向缩放（*x* 轴缩放）。

② scaleY(y)：元素仅沿着垂直方向缩放（*y* 轴缩放）。

③ scale(x,y)：元素沿着水平方向和垂直方向同时缩放（*x* 轴和 *y* 轴同时缩放）。

- scaleX(x)函数。

语法如下。

```
transform:scaleX(x)
```

说明：x 表示元素沿着水平方向（*x* 轴）缩放的倍数，如果大于 1，就代表放大；如果小于 1，就代表缩小。

- scaleY(y)函数。

语法如下。

```
transform:scaleY(y)
```

说明：y 表示元素沿着垂直方向（*y* 轴）缩放的倍数，如果大于 1，就代表放大；如果小于 1，就代表缩小。

- scale(x,y)函数。

语法如下。

```
transform:scale(x,y)
```

说明：x 表示元素沿着水平方向（*x* 轴）缩放的倍数，y 表示元素沿着垂直方向（*y* 轴）缩放的倍数。

示例代码如下。

```
<!DOCTYPE html>
<html>
<head>
    <title>CSS3 缩放 scale()函数</title>
    <style type="text/css">
        /*设置原始元素样式*/
        .origin
        {
            margin:100px auto;/*水平居中*/
            width:200px;
            height:100px;
            border:1px dashed gray;
        }
        /*设置当前元素样式*/
        .current
        {
            width:200px;
            height:100px;
            color:white;
```

```
        background-color: #eee;
        text-align:center;
        transform:scaleX(1.5);
        -webkit-transform:scaleX(1.5);  /*兼容-webkit-引擎浏览器*/
        -moz-transform:scaleX(1.5);     /*兼容-moz-引擎浏览器*/
      }
   </style>
</head>
<body>
   <div class="origin">
      <div class="current"></div>
   </div>
</body>
</html>
```

分析：从运行效果中可以看出，元素沿着 x 轴方向放大了 1.5 倍。请读者使用下面的代码，自行预览效果。

```
transform:scaleY (1.5);
-webkit-transform:scaleY(1.5);  /*兼容-webkit-引擎浏览器*/
-moz-transform:scaleY(1.5);     /*兼容-moz-引擎浏览器*/
```

4. 斜切 skew()函数

在 CSS3 中，使用 skew()函数将元素斜切显示。

skew()函数分为如下 3 种情况。

① skewX(x)：使元素沿水平方向斜切（x 轴斜切）。

② skewY(y)：使元素沿垂直方向斜切（y 轴斜切）。

③ skew(x,y)：使元素沿水平方向和垂直方向同时斜切（x 轴和 y 轴同时斜切）。

- skewX(x)函数。

语法如下。

```
transform:skewX(x);
```

说明如下。

x 表示元素在 x 轴斜切的度数，单位为 deg。

如果度数为正，则表示元素沿水平方向（x 轴）顺时针斜切；如果度数为负，则表示元素沿水平方向（x 轴）逆时针斜切。

- skewY(y)函数。

语法如下。

```
transform:skewY(y);
```

说明如下。

y 表示元素在 y 轴斜切的度数，单位为 deg。

如果度数为正，则表示元素沿垂直方向（y 轴）顺时针斜切；如果度数为负，则表示元素沿垂直方向（y 轴）逆时针斜切。

- skew(x,y)函数。

语法如下。

```
transform:skew(x,y);
```

说明如下。

第 1 个参数对应 x 轴，第 2 个参数对应 y 轴。

示例代码如下。

```
<!DOCTYPE html>
<html>
<head>
    <title>CSS3 斜切 skew()函数</title>
    <style type="text/css">
        /*设置原始元素样式*/
        .origin
        {
            margin:100px auto;/*水平居中*/
            width:200px;
            height:100px;
            border:1px dashed silver;
        }
        /*设置当前元素样式*/
        .current
        {
            width:200px;
            height:100px;
            color:white;
            background-color: #eee;
            text-align:center;
            transform:skewX(45deg);
            -webkit-transform:skewX(45deg);  /*兼容-webkit-引擎浏览器*/
            -moz-transform:skewX(45deg);/*兼容-moz-引擎浏览器*/
        }
    </style>
</head>
<body>
    <div class="origin">
        <div class="current"></div>
    </div>
</body>
</html>
```

在浏览器中预览动态效果，效果截图如图 6-7 所示。

图 6-7

分析如下。

从案例的效果可以看出：skewX()函数在保持高度不变的情况下，沿着 x 轴斜切。

- skewX()函数会保持元素高度，沿着 x 轴斜切。
- skewY()函数会保持元素宽度，沿着 y 轴斜切。

- skew(x,y)函数会先按照 skewX()函数斜切，然后按照 skewY()函数斜切。

读者可运行以下代码在浏览器中预览效果。效果的平面截图如图 6-8 所示。

```
transform:skewY(45deg);
-webkit-transform:skewY(45deg);  /*兼容-webkit-引擎浏览器*/
-moz-transform:skewY(45deg);     /*兼容-moz-引擎浏览器*/
```

图 6-8

5. 中心原点 transform-origin 属性

任何一个元素都有一个自身的中心位置（中心原点），在默认情况下，元素的中心原点位于 x 轴和 y 轴的 50%处。

在默认情况下，CSS3 中的位移、缩放、旋转、斜切操作都是以元素自身的中心位置为原点的。

在 CSS3 中，通过 transform-origin 属性来改变元素变形时的中心原点位置。

语法如下。

```
transform-origin:取值;
```

说明如下。

transform-origin 的属性值有 2 种（见表 6-1），分别是具体值和关键字。具体值一般使用百分比、px、em 作为单位。

表 6-1

关　键　字	具体值（这里使用百分比）	说　　明
top left	0 0	左上
top center	50% 0	靠上居中
top right	100% 0	右上
left center	0 50%	靠左居中
center center	50% 50%	正中
right center	100% 50%	靠右居中
bottom left	0 100%	左下
bottom center	50% 100%	靠下居中
bottom right	100% 100%	右下

示例代码如下。

```
<!DOCTYPE html>
<html >
<head>
    <title>CSS3 中心原点 transform-origin 属性</title>
    <style type="text/css">
        /*设置原始元素样式*/
        .origin
        {
            margin:100px auto;/*水平居中*/
            width:200px;
            height:100px;
            border:1px dashed gray;
        }
        .current
        {
            margin-top:100px;
            width:200px;
            height:100px;
            color:#333;
            background-color: #eee;
            text-align:center;
            transform-origin:right center;
            -webkit-transform-origin:right center;/*兼容-webkit-引擎浏览器*/
            -moz-transform-origin:right center;   /*兼容-moz-引擎浏览器*/
            transform:rotate(45deg);
            -webkit-transform:rotate(45deg);      /*兼容-webkit-引擎浏览器*/
            -moz-transform:rotate(45deg);        /*兼容-moz-引擎浏览器*/
        }
    </style>
</head>
<body>
    <div class="origin">
        <div class="current"></div>
    </div>
</body>
</html>
```

读者可在浏览器中预览动态效果。效果的平面截图如图 6-9 所示。

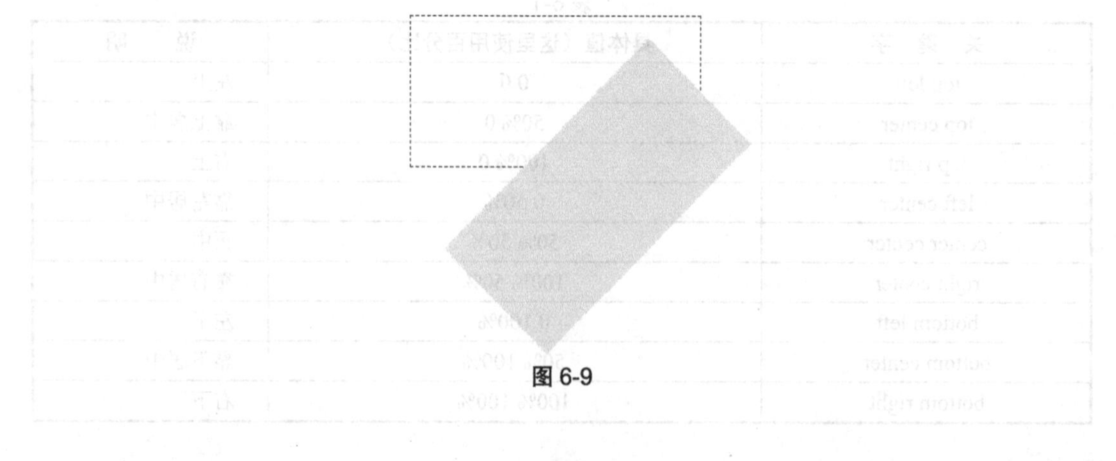

图 6-9

分析：使用"transform-origin:right center;"使得 CSS3 变形的中心原点变为"靠右居中"。

[项目分析]

案例 1　CSS3 2D 转换：translate 位移案例。
鼠标指针悬停在红色小方块上时，小方块向右下角移动。
案例 2　CSS3 2D 转换：rotate 旋转案例。
鼠标指针悬停在圆形上时，文字顺时针旋转 360 度。
案例 3　CSS3 2D 转换：scale 缩放案例。
鼠标指针悬停在图片上时，图片放大。
案例 4　CSS3 2D 转换：skew 斜切案例。
制作一个菱形，鼠标指针悬停在该菱形上时，其变成长方形。

[代码实现]

① 案例 1　CSS3 2D 转换：translate 位移案例。
HTML 代码实现如下。

```
<div class="box">
    <div class="inner"></div>

</div>
```

CSS 代码实现如下。

```
.box {
    width: 100px;
    height: 100px;
    border: 2px solid green;
    /*position:relative*/
}
.inner {
    width: 90px;
    height: 90px;
    padding: 5px;
    background-color: red;
    /*position:absolute;
    top:0px;
    left:0px;*/

    transition: all 0.5s
}
.box:hover .inner {
    /*top:50px;
    left:50px;*/

    -webkit-transform: translate(50px, 50px);
}
```

② 案例 2　CSS3 2D 转换：rotate 旋转案例。
HTML 代码实现如下。

```
<div class="box">HELLO</div>
```

CSS 代码实现如下。

```
.box {
    width: 100px;
    height: 100px;
    border-radius: 50px;
    background-color: red;
    color: #fff;
    line-height: 100px;
    text-align: center;
    font-size: 24px;
    transition: all 0.5s;
}
.box:hover {
    -webkit-transform: rotate(360deg);
}
```

③ 案例 3　CSS3 2D 转换：scale 缩放案例。

HTML 代码实现如下。

```
<div class="box"><img src="/uploads/user_upload/36477/baby.jpg">
</div>
```

CSS 代码实现如下。

```
.box {
    width: 200px;
    height: 200px;
    border: 5px solid green;
    margin: 100px auto;
    overflow: hidden;
}
img {
    transition: all 0.5s;
}
.box:hover img {
    -webkit-transform: scale(1.5)
}
```

④ 案例 4　CSS3 2D 转换：skew 斜切案例。

HTML 代码实现如下。

```
<div class="box">
    <h1>hello</h1>
</div>
```

CSS 代码实现如下。

```
.box {
    width: 200px;
    height: 50px;
    background-color: red;
    margin: 100px auto;
    -webkit-transform-origin: left bottom;
    -webkit-transform: skewX(-45deg);
```

```
    transform: skewX(-45deg);
    transition: 0.3s
}
h1 {
    -webkit-transform: skewX(45deg);
    line-height: 50px;
    text-align: center;
    transition: 0.3s
}
.box:hover {
    -webkit-transform: skewX(0deg);
}
.box:hover h1 {
    -webkit-transform: skewX(0deg);
}
```

[项目总结]

在 CSS3 中，我们可以使用 transform 属性来实现文字或图像的各种变形效果，如位移、缩放、旋转、斜切等。

transform 属性变形函数主要有 translate()位移、scale()缩放、rotate()旋转和 skew()斜切；属性有 transform-origin 中心原点。

【应用项目 1】CSS3 2D 综合效果——制作个性照片墙

[项目描述]

在很多个人网站中，我们经常可以看到极具个性的照片墙效果。本项目讲解如何使用之前学习的 CSS3 知识来实现个性照片墙效果。项目效果如图 6-10 所示。

图 6-10

[项目分析]

这里主要用到了 CSS3 旋转功能来实现图片摆放，然后使用 box-shadow 属性来设置鼠标指针移动到图片上时的阴影效果，并且用到了 CSS3 结构伪类选择器。

读者可以按照本项目的设计方法打造属于自己的“个性照片墙”。

[代码实现]

1. HTML 结构代码

```
<div id="container">
    <img src="/uploads/user_upload/36477/baby.jpg" alt="" />
    <img src="/uploads/user_upload/36477/baby.jpg" alt="" />
    <img src="/uploads/user_upload/36477/baby.jpg" alt="" />
    <img src="/uploads/user_upload/36477/baby.jpg" alt="" />
    <img src="/uploads/user_upload/36477/baby.jpg" alt="" />
    <img src="/uploads/user_upload/36477/baby.jpg" alt="" />

</div>
```

2. CSS 样式代码

```
#container {
    position: relative;
    width: 800px;
    height: 600px;
    margin: 0 auto;

}
img {
    position: absolute;
    padding: 10px;
    background-color: White;
}
img:Hover {
    box-shadow: 0 4px 8px rgba(0, 0, 0, 0.2);
}
#container img:first-child {
    left: 80px;
    top: 60px;
    -webkit-transform: rotate(30deg);
}
#container img:nth-child(2) {
    left: 240px;
    top: 60px;
    -webkit-transform: rotate(-30deg);
}
#container img:nth-child(3) {
    left: 420px;
    top: 60px;
    -webkit-transform: rotate(30deg);
}
#container img:nth-child(4) {
    left: 100px;
    top: 240px;
    -webkit-transform: rotate(-30deg);
}
#container img:nth-child(5) {
```

```
    left: 270px;
    top: 240px;
    -webkit-transform: rotate(0);
}
#container img:last-child {
    left: 420px;
    top: 240px;
    -webkit-transform: rotate(30deg);
}
```

[项目总结]

本项目主要练习的知识点是 CSS3 变形，结合位置定位、多种类型的选择器和 2D 旋转变形效果来实现网站中常见的图片展示效果。

【应用项目 2】仿码工助手案例展示效果

[项目描述]

本项目主要模仿码工助手的案例展示效果。项目效果如图 6-11 所示。

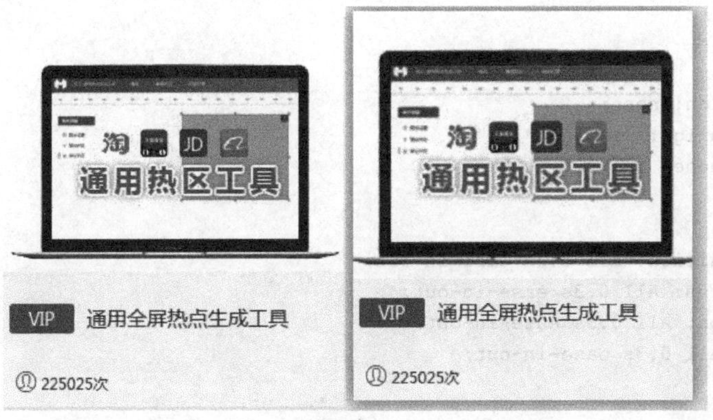

图 6-11

[项目分析]

这里主要用到了 CSS3 缩放功能来实现图片缩放，然后使用 box-shadow 属性来设置鼠标指针移到图片上时的阴影效果，并且用到了自定义字体图标。

[代码实现]

1. HTML 结构代码

```
<div class="box">
    <a target="_blank" class="img" href=""><img src="/uploads/user_upload/36477/chp13-p1.
jpg">
    </a>
    <h1 class="title">
 <a target="_blank" href=""><span class="red">VIP</span>通用全屏热点生成工具</a>
```

```
</h1>
    <div class="info"> <i class="iconfont">&#xe61e;</i> 225025 次 </div>
</div>
```

2. CSS 样式代码

```
@font-face {
    font-family: 'iconfont';
    src: url('/uploads/user_upload/36477/iconfont2.ttf');
}
.iconfont {
    font-family: "iconfont" !important;
    font-size: 16px;
    font-style: normal;
}
.box {
    height: 300px;
    overflow: hidden;
    width: 270px;
    background: #f8f8f8;
    -webkit-transition: All 0.3s ease-in-out;
    -moz-transition: All 0.3s ease-in-out;
    -ms-transition: All 0.3s ease-in-out;
    transition: All 0.3s ease-in-out;
}
a {
    color: #000;
    text-decoration: none;
    /* vertical-align: middle; */
    /* outline: none; */
}
img {
    -webkit-transition: All 0.3s ease-in-out;
    -moz-transition: All 0.3s ease-in-out;
    -ms-transition: All 0.3s ease-in-out;
    transition: All 0.3s ease-in-out;
}
.box:hover img {
    -webkit-transform: scale(1.1);
}
.box:hover {
    box-shadow: 0px 0px 20px #999;
}
.title {
    text-align: left;
    font-size: 16px;
    font-weight: normal;
    line-height: 32px;
    padding: 5px;
}
.title a {
    color: #515151;
    text-decoration: none;
}
.title span {
    display: inline-block;
```

```
    overflow: hidden;
    height: 23px;
    line-height: 23px;
    padding: 0 15px;
    margin: -3px 10px 0 0;
    color: #fff;
    vertical-align: middle;
    font-size: 14px;
    -webkit-border-radius: 3px;
    -ms-border-radius: 3px;
    -moz-border-radius: 3px;
    border-radius: 3px;
}
.red {
    background: #ef3c1f !important;
    color: #ffffff;
    border: none !important;
}
.info {
    padding: 10px;
    color: #515151;
    font-size: 12px;
}
```

[项目总结]

本项目综合使用边框圆角、边框阴影、位置定位、多种类型的选择器、2D 变换、自定义字体图标等知识来实现网站中常见的图片展示效果。

【应用项目 3】仿青年帮导航条设计——常用推荐效果

[项目描述]

本项目主要模仿青年帮导航条设计，鼠标指针经过“常用推荐”导航项，从右侧滑过蓝色标签。项目效果如图 6-12 所示。

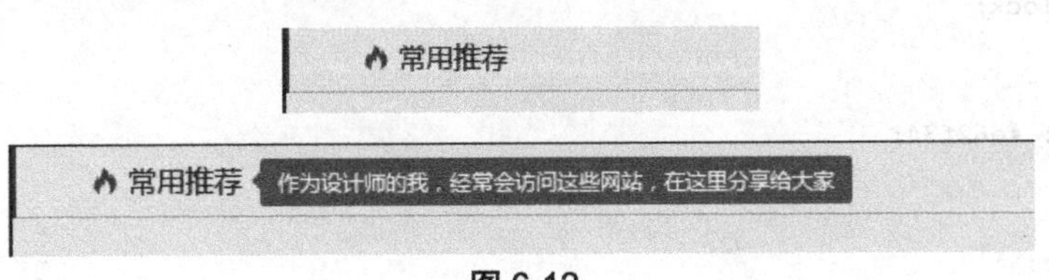

图 6-12

[项目分析]

这里主要用到了 CSS3 位移功能来实现元素位置的变化，使用透明属性、渐变属性、border 属性来设置蓝色标签的形状，并且用到了自定义字体图标。

[代码实现]

1. HTML 结构代码

```
<div class="title">
    <span class="red"></span>
    <h2><i class="iconfont">&#xe6c9;</i>常用推荐</h2>
    <p><i></i>作为设计师的我，经常会访问这些网站，在这里分享给大家</p>
</div>
```

2. CSS 样式代码

```
* {
    padding: 0px;
    margin: 0px;
}
@font-face {
    font-family: 'iconfont';
    src: url('/uploads/user_upload/36477/iconfont1.ttf');
}
.iconfont {
    font-family: "iconfont" !important;
    font-size: 16px;
    font-style: normal;
    color: red;
    padding-right: 5px;
}
.title {
    line-height: 38px;
    height: 38px;
    border-bottom: 1px solid #d2d2d2;
    position: relative;
    padding: 0 25px;
}
.title span {
    position: absolute;
    left: 0;
    top: 0;
    width: 2px;
    height: 39px;
    display: block;
}
.red {
    background: #e62f34;
}
.title h2 {
    float: left;
    font-size: 16px;
    font-weight: 100;
    padding-left: 20px;
    position: relative;
    padding-right: 10px;
    color: #333;
}
.title p {
    float: left;
```

```
    background: #0aa6e8;
    height: 26px;
    font-size: 12px;
    line-height: 26px;
    margin-top: 7px;
    padding: 0 10px;
    color: #fff;
    border-radius: 3px;
    position: relative;
    left: 20px;
    opacity: 0;
    transition: 0.5s;
}
.title p i {
    display: block;
    width: 8px;
    height: 8px;
    background-color: #0aa6e8;
    -webkit-transform: rotate(45deg);
    position: absolute;
    left: -3px;
    top: 8px;
}
.title:hover p {
    left: 0;
    opacity: 1;
}
```

[项目总结]

本项目综合使用边框圆角、位置定位、过渡属性、透明属性、自定义字体图标等知识来实现网站中常见的导航效果。

单元七

CSS3 3D 效果

案例视频资源

教学导航

知识技能目标

- 掌握 CSS3 3D 属性和函数。
- 会制作网页中的 3D 动画效果。

教学案例

【基本项目】立体缩放效果。

【应用项目 1】旋转立方体效果。

【应用项目 2】立体导航条效果。

重点知识

CSS3 中的 3D 变换功能函数。

【基本项目】立体缩放效果

[项目描述]

使用 CSS3 可以实现立体的效果。本项目主要通过案例详细讲解 CSS3 3D 函数。

[前导知识]

1. CSS3 3D 变换函数

3D 变换使用基于 2D 变换的属性，如果读者熟悉 2D 变换，则会发现 3D 变换的功能和 2D 变换的功能相当类似。CSS3 中的 3D 变换主要包括以下几类功能函数。

- 3D 位移：CSS3 中的 3D 位移主要包括 translateZ()和 translate3d()2 个功能函数。
- 3D 旋转：CSS3 中的 3D 旋转主要包括 rotateX()、rotateY()、rotateZ()和 rotate3d()4 个功能函数。
- 3D 缩放：CSS3 中的 3D 缩放主要包括 scaleZ()和 scale3d()2 个功能函数。
- 3D 矩阵：CSS3 中的 3D 矩阵包括 matrix3d()函数。

3D 变换的空间轴如图 7-1 所示。

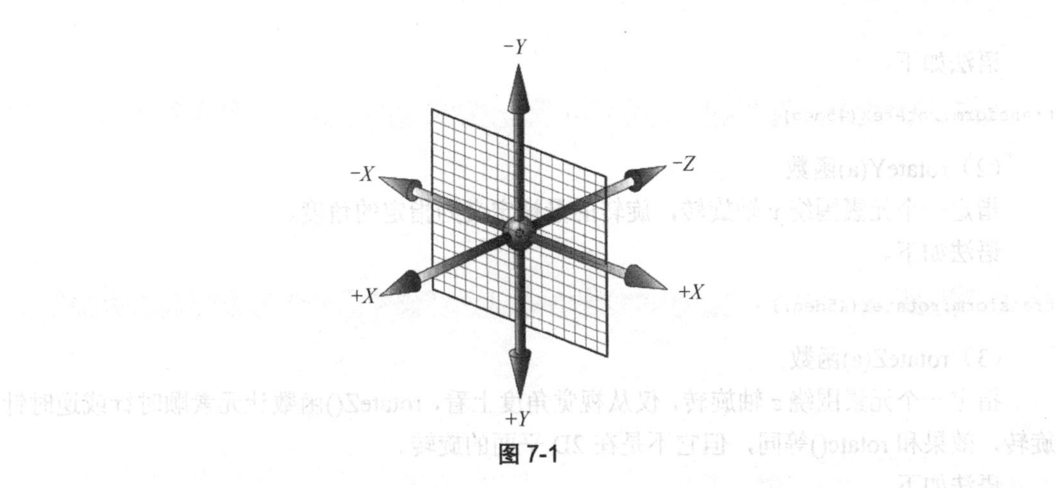

图 7-1

注意：

- translate(x,y)、translateX(x)、translateY(y)、translateZ(z)、translate3d(x,y,z)用于定义元素的移动距离；
- scale(x,y)、scaleX(x)、scaleY(y)、scaleZ(z)、scale3d(x,y,z)用于定义元素的缩放比例；
- rotate(angle)、rotateX(a)、rotateY(a)、rotateZ(a)、rotate3d(x,y,z,angle)用于定义元素的旋转角度；
- skew(x-angle,y-angle)、skewX(angle)、skewY(angle)用于定义元素的倾斜角度。

2. 3D 位移

（1）translate3d(tx,ty,tz)函数

tx：代表 *x* 轴位移向量的长度。

ty：代表 *y* 轴位移向量的长度。

tz：代表 *z* 轴位移向量的长度。此值不能是一个百分比值，如果取值为百分比值，则将会被认为是无效值。

语法如下。

```
transform:translate3d(30px,30px,200px);
```

（2）translateZ(t)函数

t：代表 *z* 轴位移向量的长度。

语法如下。

```
transform:translateZ(200px);
```

3. 3D 旋转

语法：rotate3d(rotateX、rotateY、rotateZ)

（1）rotateX(a)函数

指定一个元素围绕 *x* 轴旋转，旋转的量被定义为指定的角度；如果 *a* 值为正，则元素围绕 *x* 轴顺时针旋转；如果 a 值为负，则元素围绕 *x* 轴逆时针旋转。

语法如下。

```
transform:rotateX(45deg);
```

（2）rotateY(a)函数

指定一个元素围绕 y 轴旋转，旋转的量被定义为指定的角度。

语法如下。

```
transform:rotateY(45deg);
```

（3）rotateZ(a)函数

指定一个元素围绕 z 轴旋转，仅从视觉角度上看，rotateZ()函数让元素顺时针或逆时针旋转，效果和 rotate()等同，但它不是在 2D 平面的旋转。

语法如下。

```
transform:rotateZ(45deg);
```

转盘绕着 z 轴旋转就是使用的 rotateZ()函数。

（4）rotate3d(x,y,z,a)函数

x：一个 0～1 范围内的数值，主要用来描述元素围绕 x 轴旋转的矢量值。

y：一个 0～1 范围内的数值，主要用来描述元素围绕 y 轴旋转的矢量值。

z：一个 0～1 范围内的数值，主要用来描述元素围绕 z 轴旋转的矢量值。

a：一个角度值，主要用来指定元素在 3D 空间旋转的角度，如果其值为正，则元素顺时针旋转，反之，元素逆时针旋转。

注意：

- rotateX(a)函数功能等同于 rotate3d(1,0,0,a)；
- rotateY(a)函数功能等同于 rotate3d(0,1,0,a)；
- rotateZ(a)函数功能等同于 rotate3d(0,0,1,a)。

4. 3D 缩放

（1）scale3d(sx,sy,sz)函数

sx：x 轴缩放比例。

sy：y 轴缩放比例。

sz：z 轴缩放比例。

（2）scaleZ(s)函数

s：指定元素的每个点在 z 轴的缩放比例。

5. 多种方法组合变形

用法如下。

```
transform:rotate(45deg) scale(0.5) skew(30deg,30deg) translate(100px,100px);
```

这 4 种变形方法的顺序可以随意，但不同的顺序导致的变形结果不同，原因是变形的顺序是从左到右依次进行的，上述用法中的执行顺序为 rotate→scale→skew→translate。

6. 3D 转换属性

（1）transform-style 属性

transform-style 规定如何在 3D 空间中呈现被嵌套的元素，用法如下。

```
transform-style: flat|preserve-3d;
```

- flat：子元素将不保留其 3D 位置。
- preserve-3d：子元素将保留其 3D 位置。

（2）perspective 属性

perspective 用于定义 3D 元素距视图的距离，以像素计，用法如下。

```
perspective: number|none;
```

- number：元素距视图的距离，以像素计。
- none：默认值，与 0 相同，不设置透视。

请读者根据图 7-2，完成相应代码，并观察效果。

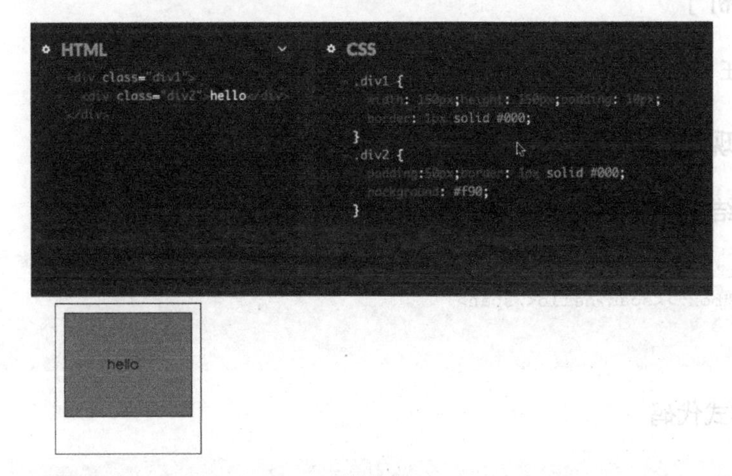

图 7-2

当为元素定义 perspective 属性时，其子元素（使用了 3D 变换的元素）都会获得透视效果。所以一般来说，perspective 属性应用在父元素上，我们把这个父元素称为舞台元素。透视代码及效果如图 7-3 所示。

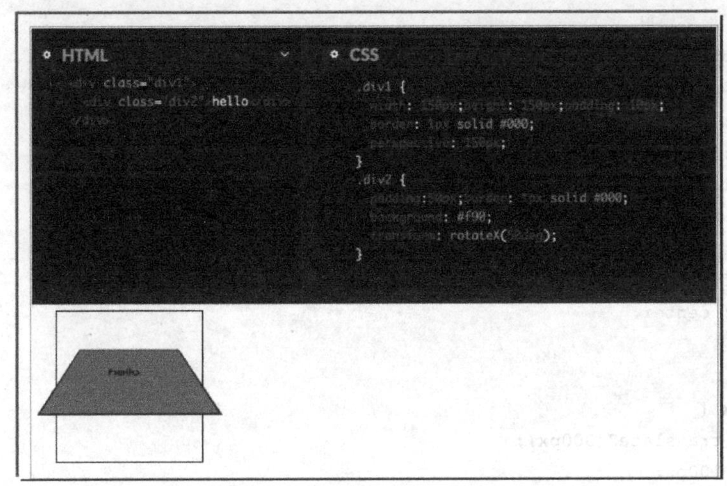

图 7-3

分析：从图 7-3 中可以看出，div1 是 div2 的父元素，开始给 div2 元素增加旋转“transform: rotateX(50deg);”的时候，只是感觉 div2 元素在平面上被“压缩”了，并没有出现 3D 的效果，当我们给父元素 div1 增加“perspective:150px;”的时候，立马就能看到 3D 的效果，感受到它的神奇之处了吧！

perspective 的取值如下。

- 取值为 none 或不设置时，没有 3D 效果。
- 取值越小，3D 效果越明显，也就是你的眼睛越靠近真实 3D。
- 当取值为元素的宽度时，视觉效果比较好。

[项目分析]

利用 3D 在 *z* 轴上的移动，制作图片放大的效果。

[代码实现]

1. HTML 结构代码

```
<div class="out">
    <div class="box"><span>hello</span>
    </div>
</div>
```

2. CSS 样式代码

```
.out {
    width: 300px;
    height: 300px;
    margin: 300px auto;
    transform-style: preserve-3d;
    perspective: 500px;
}
.box {
    width: 300px;
    height: 300px;
    background: #09F;
    transition: 0.5s;
    backface-visibility: hidden;
    font-size: 50px;
    line-height: 300px;
    color: #fff;
    text-align: center;

}
.out:hover .box {
    transform: translateZ(300px);
    font-size: 100px;
  }
```

[项目总结]

本项目主要讲解了 CSS3 3D 的相关函数。

【应用项目 1】旋转立方体效果

[项目描述]

制作一个类似魔方的立方体，鼠标指针经过立方体出现旋转效果。项目效果如图 7-4 所示。

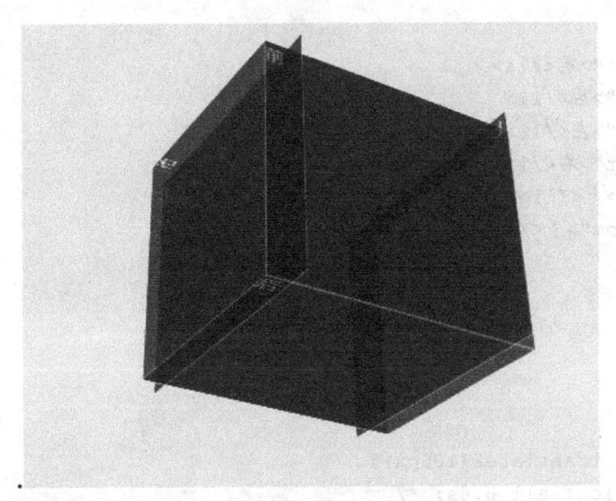

图 7-4

[项目分析]

制作一个立方体，需要完成六个面，分解形式如图 7-5 和图 7-6 所示。

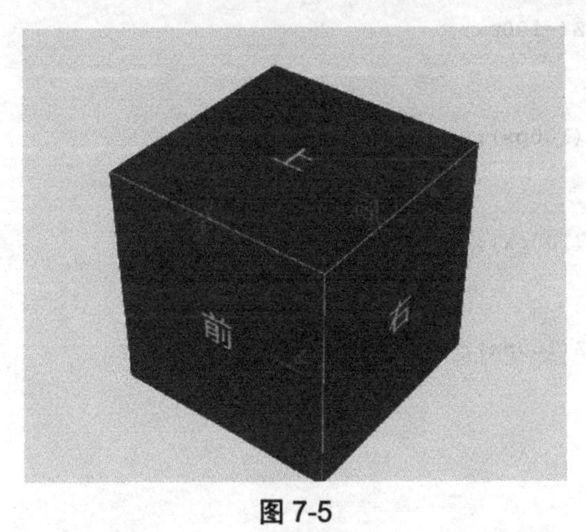

图 7-5

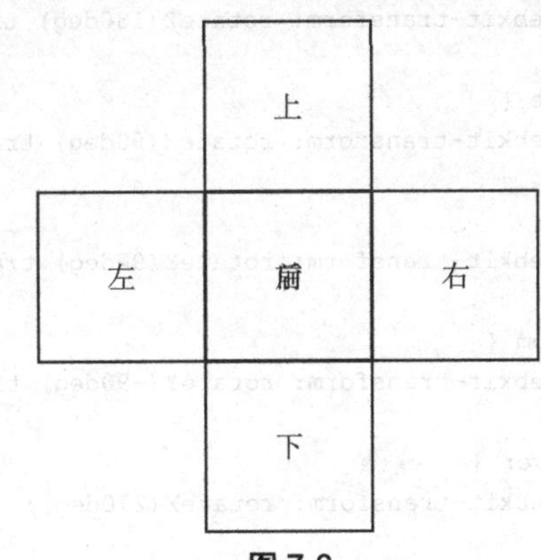

图 7-6

3D 变换基于 3 个比较重要的属性：perspective、translateZ 和 preserve-3d。

实现立方体的 HTML 结构代码如下。

```
<div  class="out">
   <ul>
      <li class="front">前</li>
```

```
        <li class="back">后</li>
        <li class="left">左</li>
        <li class="right">右</li>
        <li class="top">上</li>
        <li class="bottom">下</li>
    </ul>
</div>
```

[代码实现]

1. HTML 结构代码

```
<div class="out">
    <ul>
        <li class="front">前</li>
        <li class="back">后</li>
        <li class="left">左</li>
        <li class="right">右</li>
        <li class="top">上</li>
        <li class="bottom">下</li>
    </ul>
</div>
```

2. CSS 样式代码

```
.front {
    -webkit-transform: translateZ(100px);
    /* -webkit-transition: all 0.8s; */
}
.back {
    -webkit-transform: rotateX(-90deg) translateZ(100px);
    /* -webkit-transition: all 0.8s; */
}
.left {
    -webkit-transform: rotateZ(180deg) translateZ(-100px);
}
.right {
    -webkit-transform: rotateX(90deg) translateZ(100px);
}
.top {
    -webkit-transform: rotateY(90deg) translateZ(100px);
}
.bottom {
    -webkit-transform: rotateY(-90deg) translateZ(100px);
}
ul:hover {
    -webkit-transform: rotateX(270deg);
}
.out {
    margin: 100px auto;
    height: 200px;
    width: 200px;
    perspective: 1000px;
}
ul {
    list-style: none;
```

```
    transform-style: preserve-3d;
    height: 200px;
    width: 200px;
    position: relative;
    transform: rotateX(30deg) rotateY(30deg);
    -webkit-transition: all 1s;
}
ul li {
    width: 100%;
    height: 100%;
    position: absolute;
    border: 1px solid #fff;
    background: #333;
    opacity: 0.6;
    color: #fff;
}
```

[项目总结]

本项目主要练习的知识点是 3D 效果。综合使用位置定位、透明属性、3D 旋转和移动属性来实现网页中常见的 3D 效果。本项目制作的是旋转立方体，如果把六个面换成六张图片，则可以实现网站中图片的 3D 立体展示效果。

【应用项目 2】立体导航条效果

[项目描述]

从网页中选取一款立体导航条，完成 3D 立体导航条的制作。

[项目分析]

本项目主要分享一些常用的创意导航链接效果。本项目使用伪元素和动画创建了一个微妙且有现代节奏感的导航链接效果。

注意：伪元素并不是在所有的浏览器中都能兼容，使用 Chrome 和 Firefox 浏览器浏览，效果最佳。

在大多数情况下，创建一个简单的导航链接效果可使用如下 HTML 代码结构。

```
<nav class="cl-effect-13">
    <a href="#">Beleaguer</a>
    <a href="#">Lassitude</a>
    <a href="#">Murmurous</a>
    <a href="#">Palimpsest</a>
    <a href="#">Assemblage</a>
</nav>
```

但对于一些特殊的效果，我们可能会在伪元素中使用重复的链接文字，代码结构如下。

```
<nav class="cl-effect-11">
    <a href="#" data-hover="Desultory">Desultory</a>
    <a href="#" data-hover="Sumptuous">Sumptuous</a>
```

```
    <a href="#" data-hover="Scintilla">Scintilla</a>
    <a href="#" data-hover="Propinquity">Propinquity</a>
    <a href="#" data-hover="Harbinger">Harbinger</a>
</nav>
```

还有一种情况是添加 span 等行内元素来实现特殊效果，代码结构如下。

```
<nav class="cl-effect-10">
    <a href="#" data-hover="Seraglio"><span>Seraglio</span></a>
    <a href="#" data-hover="Sumptuous"><span>Sumptuous</span></a>
    <a href="#" data-hover="Scintilla"><span>Scintilla</span></a>
    <a href="#" data-hover="Palimpsest"><span>Palimpsest</span></a>
    <a href="#" data-hover="Assemblage"><span>Assemblage</span></a>
</nav>
```

[代码实现]

1. HTML 结构代码

```
<div class="out">
    <div class="box" data-hover="作品展示">作品展示</div>
</div>
```

2. CSS 样式代码

```
.out {
    width: 400px;
    height: 40px;
    margin: 50px auto;
    perspective: 1000px;
}
.box {
    color: #fff;
    line-height: 40px;
    text-align: center;
    height: 40px;
    background: #2195de;
    -webkit-transition: -webkit-transform 0.3s;
    -webkit-transform-origin: 50% 0;
    -webkit-transform-style: preserve-3d;
    /*
    transform-origin:left top;

    transform: translate3d(0, 0, -400px)*/
    /*transform:translateZ(200px)
    transform:rotateZ(0deg);
    transition:0.5s;
    transform:scaleZ(1) rotateX(45deg) */
}
.box::before {
    position: absolute;
    top: 100%;
    left: 0;
    width: 100%;
    height: 100%;
    background: #0965a0;
```

```
    content: attr(data-hover);
    -webkit-transition: background 0.3s;
    -moz-transition: background 0.3s;
    transition: background 0.3s;
    -webkit-transform: rotateX(-90deg);
    -moz-transform: rotateX(-90deg);
    transform: rotateX(-90deg);
    -webkit-transform-origin: 50% 0;
    -moz-transform-origin: 50% 0;
    transform-origin: 50% 0;
    /*
    transform-origin:left top;

    transform: translate3d(0, 0, -400px)*/
    /*transform:translateZ(200px)
    transform:rotateZ(0deg);
    transition:0.5s;
    transform:scaleZ(1) rotateX(45deg) */
}
.out:hover .box {
    transform: rotateX(90deg);
    /* transform:rotateZ(180deg) rotateX(180deg) rotateY(180deg)
 transform:rotate3d(1,1,1,360deg)
 transform:scaleZ(5) rotateX(45deg) ;*/
}
.out:hover .box::before {
    background: #28a2ee;
    /* transform:rotateZ(180deg) rotateX(180deg) rotateY(180deg)
 transform:rotate3d(1,1,1,360deg)
 transform:scaleZ(5) rotateX(45deg) ;*/
}
```

[项目总结]

本项目综合使用伪元素、过渡、多种类型的选择器等知识来制作立体导航条，实现网站中常见的立体化页面效果。

单元八
CSS3 动画效果

案例视频资源

教学导航

知识技能目标

- 掌握 CSS3 动画属性。
- 会制作网页中的动画效果。

教学案例

【基本项目】小球运动效果。
【应用项目 1】旋转转盘效果。
【应用项目 2】跳动的心效果。
【应用项目 3】钟摆效果。
【应用项目 4】旋转导航条效果。
【应用项目 5】仿青年帮网站——光晕效果。
【应用项目 6】仿青年帮设计导航——灵感创意推荐。
【应用项目 7】仿青年帮网站——波浪效果。

重点知识

CSS3 动画 animation 属性的使用方法。

【基本项目】小球运动效果

[项目描述]

前面章节已述，CSS3 动画效果由三大部分组成：变形、过渡和动画。前面的章节已经对变形效果和过渡效果进行了详细的讲解，现在我们来讲解 CSS3 中“真正”的动画效果。

在 CSS3 中，动画效果使用 animation 属性来实现。animation 属性和 transition 属性的功能是相同的，都是通过改变元素的“属性值”来实现动画效果的，但是这两者又有很大的区别：transition 属性只能通过指定属性的开始值与结束值，然后在这两个属性值之间进行平滑过渡来实现动画效果，因此其只能实现简单的动画效果；CSS3 的 animation 属性可以像 Flash 制作动画一样，通过关键帧控制动画的每一步，实现更为复杂的动画效果。

打开踏得网，观察小球运动效果。本项目将详细讲解 CSS3 动画的使用方法。

[前导知识]

1. @keyframes 简介

通过 CSS3，我们能够创建动画，因此在许多网页中的动画效果，比如动画图片、Flash 动画及一些 JavaScript 特效，都适合用 CSS3 的动画属性来实现。

使用 animation 属性定义 CSS3 动画需要如下 2 步。

① 定义动画。

② 调用动画。

在 CSS3 中，在使用动画之前，必须先使用@keyframes 规则定义动画。

语法如下。

```
@keyframes 动画名
{
    0%
    {
        ...
    }
    ...
    100%
    {

    }
}
```

说明如下。

0%表示动画开始的时间，100%表示动画结束的时间。0%和 100%是必需的，在一个@keyframes 规则中可以包含多个百分比构成的动画时间，每一个动画时间都可以定义自身的 CSS 样式，从而形成一系列的动画效果。

小技巧：在使用@keyframes 规则时，如果只有 0%（动画的开始）和 100%（动画的结束）这两个时间，则 0%和 100%可以使用关键词 from 和 to 来代替，其中，0%对应的是 from，100%对应的是 to。

2. animation 所有动画属性

（1）@keyframes 规则

@keyframes 规则用于创建动画。在 @keyframes 中规定某项 CSS 样式，就能创建由当前样式逐渐改为新样式的动画效果。

例如：

```
@keyframes myfirst{
from {background: red;}
to {background: yellow;}
          }
```

（2）animation 属性

通过至少规定以下两项 CSS3 动画属性，即可将动画绑定到选择器上。

① 动画的名称。

② 动画的时长。

例如：

```
div{animation:myfirst 5s;}
```

说明：把“myfirst”动画捆绑到 div 元素上，时长为 5s。

animation 属性是一个简写属性，用于设置如下 8 个 CSS3 动画属性。

- animation-name：规定@keyframes 动画的名称。
- animation-duration：规定@keyframes 动画的时长。规定动画完成一个周期所花费的时间（s 或 ms），默认值是 0。
- animation-timing-function：规定动画的速度曲线，默认值是 ease。
  - ▶ linear：动画从头到尾的速度是相同的。
  - ▶ ease：默认值，动画以低速开始，然后加快，在结束前变慢。
  - ▶ ease-in：动画以低速开始。
  - ▶ ease-out：动画以低速结束。
  - ▶ ease-in-out：动画以低速开始和结束。
- animation-delay：规定动画何时开始，默认值是 0。

time：可选。定义动画开始前等待的时间，单位为 s 或 ms，默认值是 0（即延时动画）。

- animation-iteration-count：规定动画被播放的次数，默认值是 1。
  - ▶ n：定义动画播放的次数。
  - ▶ infinite：规定动画无限次播放。
- animation-direction：规定动画是否在下一周期逆向播放，默认值是 normal。
  - ▶ normal：默认值，动画应该正常播放。
  - ▶ alternate：动画应该轮流逆向播放。
- animation-play-state：规定动画是否正在播放或暂停，默认值是 running。
  - ▶ paused：规定动画已暂停。
  - ▶ running：规定动画正在播放。
- animation-fill-mode：规定对象动画时间之外的状态。
  - ▶ none：不改变默认行为。
  - ▶ forwards：当动画完成后，保持最后一个属性值（在最后一个关键帧中定义）。
  - ▶ backwards：在 animation-delay 所指定的一段时间内，在动画显示之前，应用开始属性值（在第一个关键帧中定义）。
  - ▶ both：向前和向后填充模式都被应用。

［项目分析］

（1）定义动画

本项目使用@keyframes 规则定义了一个名为 donghua 的动画，从上到下来回运动。

在本例中，我们定义持续时间为 3s，则 0%指的是 0s（动画开始时），而 100%指的是 3s（动画结束时）。

（2）调用动画

在第一步中，我们使用@keyframes 规则定义了动画，但是定义的动画并不会自动执行，还需要“调用动画”，这样动画才会执行。在本例中，我们设置在鼠标指针移动到 div 元素上时（div:hover）使用 animation-name 属性调用动画名，然后使用 animation-duration 属性定义动画总的持续时间、使用 animation-timing-function 属性定义动画函数等。

[代码实现]

CSS 样式代码如下。

```
@-webkit-keyframes donghua {
    0% {
        -webkit-transform: translateY(0)
    }
    100% {
        -webkit-transform: translateY(100px)
    }
}
@keyframes donghua {
    0% {
        transform: translateY(0)
    }
    100% {
        transform: translateY(100px)
    }
}
.box {
    width: 100px;
    height: 100px;
    background: red;
    border-radius: 50%;
    -webkit-animation: donghua 3s linear alternate infinite;
    animation: donghua 3s linear alternate infinite;
```

[项目总结]

在网页中，许多页面的动画效果可以使用 CSS3 动画来实现。本节主要讲解了 CSS3 动画的使用方法：使用 animation 属性定义 CSS3 动画。

【应用项目 1】旋转转盘效果

[项目描述]

本项目实现一个类似抽奖转盘的旋转效果。

[项目分析]

① 首先需要画一个正方形，然后设置正方形的边框厚度，根据需要定义不同颜色的边框，效果如图 8-1 所示。

图 8-1

② 通过设置 border-radius 属性，将之前的形状变成圆形，效果如图 8-2 所示。

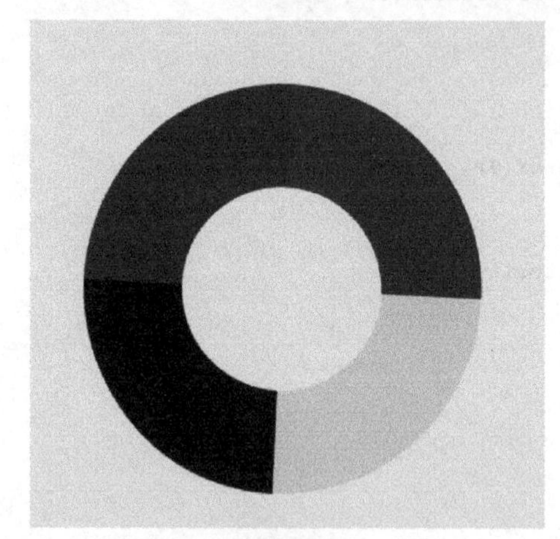

图 8-2

③ 定义动画。从 0 度到 360 度或者从 0 度到−360 度，分别表示顺时针或逆时针旋转。

④ 定义动画的属性：循环和匀速运动。

[代码实现]

CSS 样式代码如下。

```
.img {
    width: 200px;
    height: 200px;
    border: 100px solid green;
    border-left-color: red;
    border-right-color: black;
    border-top-color: yellow;
    margin: 100px;
    border-radius: 50%;
    animation: circle .5s infinite linear;
}
@keyframes circle {
```

```
    0% {
        transform: rotate(0deg);
    }
    100% {
        transform: rotate(-360deg);
    }
}
```

[项目总结]

本项目主要练习的知识点是 CSS3 自定义动画效果，综合使用边框属性、边框圆角等知识实现类似抽奖转盘的旋转效果。

【应用项目 2】跳动的心效果

[项目描述]

本项目实现一个跳动的爱心效果。

[项目分析]

① 首先制作爱心，爱心是由两个圆形和一个旋转 45 度的正方形组成的，效果如图 8-3 所示。

图 8-3

② 通过移动三个形状的位置，组成爱心。这里主要用到的是位置定位和 2D 位移的知识点。

③ 使用自定义动画，完成放大、缩小动画的效果。

[代码实现]

1. HTML 结构代码

```
<div class="heart">
    <div class='topLeft'></div>
```

```
    <div class='topRight'></div>
    <div class='bottom'></div>
</div>
```

2. CSS 样式代码

```
* {
    padding: 0px;
    margin: 0px;
}
body {
    background: black;
}
.heart {
    margin: 100px auto;
    width: 200px;
    height: 200px;
    position: relative;
    animation-name: shake;
    animation-duration: .5s;
    animation-iteration-count: infinite;
}
.heart div {
    width: 100%;
    height: 100%;
    position: absolute;
    background: pink;
    animation-name: shadow;
    animation-duration: .5s;
    animation-iteration-count: infinite;
}
.topLeft,
.topRight {
    border-radius: 100px;
}
.topLeft {
    transform: translate(-50px, 0)
}
.topRight {
    transform: translate(50px, 0)
}
.bottom {
    transform: rotate(45deg) scale(.9, .9) translate(50px, 50px)
}
/* 定义动画 */

@keyframes shake {
    0% {
        transform: scale(.9, .9);
    }
    100% {
        transform: scale(1.1, 1.1);
    }
}
```

```
@keyframes shadow {
    from {} to {
        box-shadow: 0px 0px 50px pink;
    }
}
```

[项目总结]

本项目主要练习的知识点是 CSS3 自定义动画效果，综合使用位置定位、边框圆角、2D 缩放变形、2D 位移、旋转变形等知识，实现跳动的心效果。

【应用项目 3】钟摆效果

[项目描述]

本项目实现一个钟摆的效果，效果平面截图如图 8-4 所示。

图 8-4

[项目分析]

钟摆效果共分为 4 个时间段：0%到 25%，从最低点到左上角；25%到 50%，从左上角到最低点；50%到 70%，从最低点到右上角；70%到 100%，从右上角到最低点。

[代码实现]

1. HTML 结构代码

```
<div class="w4">
    <a href=""><imgclass="buy-icno" src="/uploads/user_upload/36477/5.png">
    </a>
</div>
```

2. CSS 样式代码

```
body {
    margin: 0;
}
.w4 {
    height: 200px;
    background-color: #ef9b14;
    position: relative;
```

```
}
/*绝对定位*/

.w4 .buy-icno {
    position: absolute;
    top: 0;
    right: 50%;
    z-index: 5;
}
/*infinite 动画一直重复*/

.w4 .buy-icno {
    animation: transform 2.5s linear infinite forwards;
}
.w4 .buy-icno:hover {
    animation-play-state: paused;
}
/*4 个时间段: 0%到 25%, 从最低点到左上角; 25%到 50%, 从左上角到最低点; 50%到 70%, 从最低点到右上角; 70%
到 100%, 从右上角到最低点*/

@keyframes transform {
    0% {
        transform-origin: top center;
        transform: rotate(0deg);
    }
    25% {
        transform-origin: top center;
        transform: rotate(20deg);
    }
    50% {
        transform-origin: top center;
        transform: rotate(0deg);
    }
    75% {
        transform-origin: top center;
        transform: rotate(-20deg);
    }
    100% {
        transform-origin: top center;
        transform: rotate(0deg);
    }
}
```

[项目总结]

本项目主要练习的知识点是 CSS3 自定义动画效果的各个属性，综合使用位置定位、改变中心点的位置等知识，实现钟摆效果。

【应用项目 4】旋转导航条效果

[项目描述]

本项目完成旋转导航条效果，鼠标指针悬停在导航项上时出现旋转效果。效果平面截图如图 8-5 所示。

图 8-5

[项目分析]

1. 导航条的结构

导航条使用 ul li a 的 HTML 结构，示例代码如下。

```
<div>
<ul>
    <li>
        <a>HOME</a>
    </li>
</ul>
</div>
```

2. 导航条的图标

导航条的图标是使用自定义字体图标的方法制作的。

① 下载字体。登录阿里巴巴矢量图标库，下载对应的图标。将下载的.ttf 格式的文件放入 fonts 文件夹中。

② 使用@font-face 定义字体图标的路径。

③ 使用 unicode 编码自定义 icon-font。

3. 定义动画

鼠标指针悬停在导航条的字体图标上时，字体图标变成绿色，圆形背景变成白色，并且字体图标顺时针旋转 360 度。

[代码实现]

1. HTML 结构代码

```
<div class="container">
    <ul>
        <li class="icon-home"><a href="#">home</a>
        </li>
        <li class="icon-connection"><a href="#">connection</a>
        </li>
        <li class="icon-stack"><a href="#">stack</a>
        </li>
        <li class="icon-tags"><a href="#">tags</a>
        </li>
        <li class="icon-music"><a href="#">music</a>
        </li>
    </ul>
```

```
</div>
```

2. CSS 样式代码

这里只给出关键的代码片段：自定义字体图标、自定义动画、圆形效果。

```
@font-face {
    font-family: 'icomoon';
    src: url('/uploads/user_upload/36477/icomoon.ttf');
}
.container ul li:before {
    font-family: 'icomoon';
    font-size: 48px;
    line-height: 90px;
    font-style: normal;
    font-weight: normal;
    display: block;
}
.icon-home:before {
    content: "\e600";
}
.icon-connection:before {
    content: "\e601";
}
.icon-stack:before {
    content: "\e602";
}
.icon-tags:before {
    content: "\e603";
}
.icon-music:before {
    content: "\e604";
}
.container ul li {
    display: inline-block;
    font-size: 0px;
    margin: 15px 30px;
    width: 90px;
    height: 90px;
    border-radius: 50%;
    text-align: center;
    position: relative;
    color: #fff;
    box-shadow: 0 0 0 4px rgba(255, 255, 255, 1);
    -webkit-transition: background 0.2s, color 0.2s;
    -moz-transition: background 0.2s, color 0.2s;
    transition: background 0.2s, color 0.2s;
}
.container ul li:hover:before {
    -webkit-animation: spinAround 2s linear infinite;
    -moz-animation: spinAround 2s linear infinite;
    animation: spinAround 2s linear infinite;
}
@-webkit-keyframes spinAround {
    from {
        -webkit-transform: rotate(0deg)
    }
    to {
```

```
        -webkit-transform: rotate(360deg);
    }
}
@-moz-keyframes spinAround {
    from {
        -moz-transform: rotate(0deg)
    }
    to {
        -moz-transform: rotate(360deg);
    }
}
@keyframes spinAround {
    from {
        transform: rotate(0deg)
    }
    to {
        transform: rotate(360deg);
    }
}
```

[项目总结]

本项目主要练习的知识点是 CSS3 自定义动画效果，结合位置定位、边框圆角、自定义字体图标等知识，实现网站中常见的旋转导航条效果。

【应用项目 5】仿青年帮网站——光晕效果

[项目描述]

本项目使用 CSS3 完成仿青年帮网站——光晕效果。效果平面截图如图 8-6 所示。

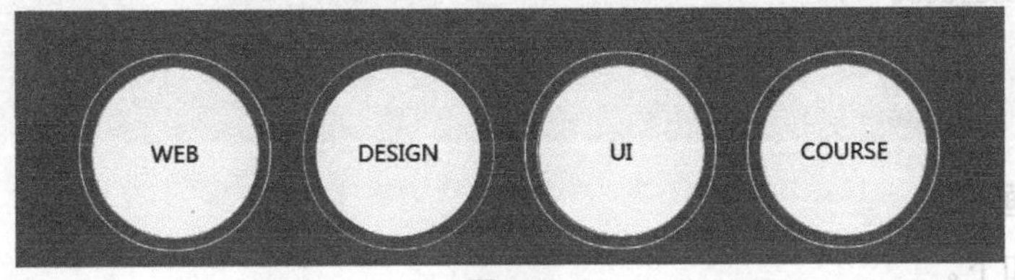

图 8-6

[项目分析]

1. 导航条的结构

导航条使用 ul li a 的 HTML 结构，示例代码如下。

```
<div>
<ul>
    <li>
        <a>HOME</a>
    </li>
</ul>
</div>
```

2. 导航条 HTML 结构的特殊处理

导航条显示效果由圆形和外层圆圈两部分构成，示例代码如下。

```
<li>
    <a id="layer1" class="ball">WEB</a> //代表圆形
    <div id="layer7" class="pulse"></div> //代表外层圆圈
</li>
```

3. 鼠标指针悬停的动态效果结构

鼠标指针悬停的动态效果分为两部分：第一部分为圆形出现光圈的效果；第二部分为外层圆圈出现光圈的效果。所以需要对这两部分的 HTML 结构进行特殊处理：使用 CSS3 多种类型的选择器 before 来添加新的结构，示例代码如下。

```
.running .pulse:before {
    content: " ";
    width: 138px;
    height: 138px;
    border-radius: 69px;
    border: 1px solid yellow;
    position: absolute;
    top: -1px;
    left: -1px;
}
a:before {
    margin: 9px;
    content: " ";
    width: 120px;
    height: 120px;
    border-radius: 50%;
    border: 1px solid yellow;
    position: absolute;
    top: -1px;
    left: -1px;
}
```

4. 定义动画

示例代码如下。

```
li:hover .pulse:before {
    animation: pulse 2s linear infinite;
}
li:hover a:before {
    animation: pulse 2s linear infinite;
}
@keyframes pulse {
    from {
        -webkit-transform: scale(1);
        transform: scale(1);
        opacity: 1;
    }
    to {
        -webkit-transform: scale(1.3);
        transform: scale(1.3);
```

```
        opacity: 0.1;
    }
}
```

[代码实现]

1. HTML 结构代码

```
<div class="container">
    <ul id="progress" class="running">
        <li><a id="layer1" class="ball">WEB</a>
            <div id="layer7" class="pulse"></div>
        </li>
        <li><a id="layer2" class="ball">DESIGN</a>
            <div id="layer8" class="pulse"></div>
        </li>
        <li><a id="layer3" class="ball">UI</a>
            <div id="layer9" class="pulse"></div>
        </li>
        <li><a id="layer4" class="ball">COURSE</a>
            <div id="layer10" class="pulse"></div>
        </li>

    </ul>

</div>
```

2. CSS 样式代码

这里只给出关键的代码片段。

```
.running .ball {
    background-color: YELLOW;
    width: 120px;
    height: 120px;
    line-height: 120px;
    border-radius: 60px;
    text-align: center;
}
.running .pulse {
    width: 138px;
    height: 138px;
    border-radius: 69px;
    border: 1px solid yellow;
    position: absolute;
    top: -1px;
    left: -1px;
}
.running .pulse:before {
    content: " ";
    width: 138px;
    height: 138px;
    border-radius: 69px;
    border: 1px solid yellow;
    position: absolute;
    top: -1px;
    left: -1px;
}
```

```
a:before {
    margin: 9px;
    content: " ";
    width: 120px;
    height: 120px;
    border-radius: 50%;
    border: 1px solid yellow;
    position: absolute;
    top: -1px;
    left: -1px;
}
li:hover .pulse:before {
    animation: pulse 2s linear infinite;
}
li:hover a:before {
    animation: pulse 2s linear infinite;
}
@keyframes pulse {
    from {
        -webkit-transform: scale(1);
        transform: scale(1);
        opacity: 1;
    }
    to {
        -webkit-transform: scale(1.3);
        transform: scale(1.3);
        opacity: 0.1;
    }
}
```

[项目总结]

本项目主要练习的知识点是 CSS3 自定义动画效果，结合位置定位、边框圆角、2D 缩放等知识，实现网站中常见的动态效果。

【应用项目 6】仿青年帮设计导航——灵感创意推荐

[项目描述]

本项目完成仿青年帮设计导航——灵感创意推荐效果。效果平面截图如图 8-7 所示①。

图 8-7

① 图 8-7 中“板式”的正确写法应为“版式”。

[项目分析]

1. 效果的 HTML 结构

仔细观察动态效果可知，该效果包括两部分：一部分为图片，另一部分为文字，并且文字带有链接。HTML 结构的示例代码如下。

```
<div class="box">
    <a href="" target="_blank">
        <img src="../images/cha12-p5.jpg" alt="Beats 耳机文字版式设计">
        <p>Beats 耳机文字版式设计</p>
    </a>
    </div>
```

2. 鼠标指针滑过的动画效果

鼠标指针滑过内容，文字会呈现 3D 效果（文字沿着 x 轴旋转），示例代码如下。

```
transform: rotateX(100deg);
transform-origin: left bottom;
```

[代码实现]

CSS3 样式代码。

这里只给出关键的代码片段。

```
.box {
    opacity: 0.5;
    transition: 0.3s;
    margin-bottom: 10px;
    position: relative;
    perspective: 600px;
    border-bottom: 1px solid #e4e4e4;
    padding-bottom: 10px;
    max-height: 320px;
}
a {
    max-height: 220px;
    overflow: hidden;
}
p {
    position: absolute;
    width: 280px;
    background: rgba(0, 0, 0, 0.6);
    color: #fff;
    padding: 0 10px;
    left: 0;
    bottom: 0px;
    font-size: 14px;
    line-height: 30px;
    transition: 0.3s;
    transform: rotateX(100deg);
    transform-origin: left bottom;
}
.box:hover p {
    transform: rotateX(0deg)
```

```
}
.box:hover {
    opacity: 1;
}
```

[项目总结]

本项目主要练习的知识点是 CSS3 自定义动画效果，结合位置定位、边框圆角、3D 变换等知识，实现网站中常见的动态效果。

【应用项目 7】仿青年帮网站——波浪效果

[项目描述]

本项目完成仿青年帮网站——波浪效果。效果平面截图如图 8-8 所示。

图 8-8

[项目分析]

1. 效果的 HTML 结构

仔细观察动态效果可知，该效果包括两条动态的波浪线，HTML 结构示例代码如下。

```
<div class="quxian1 quxian"></div>
    <div class="quxian2 quxian"></div>
```

2. 波浪线的动画效果

其中一条波浪线从左向右移动，另一条从右向左移动，示例代码如下。

```
@keyframes quxian1 {
     from {
             background-position: 0px center;
        }
     to {
                background-position: 1920px center;
        }
     }
@keyframes quxian2 {
     from {
            background-position: 0px center;
          }
      to {
            background-position: -1920px center;
         }
     }
```

[代码实现]

CSS 样式代码如下。

这里只给出关键的代码片段。

```
.quxian1 {
    background: url(/uploads/user_upload/36477/quxian1.png) repeat-x 0px center;
    top: -50px;
    left: 0;
    animation: quxian1 20s linear infinite;
    -webkit-animation: quxian1 20s linear infinite;
 }
 .quxian2 {
    background: url(/uploads/user_upload/36477/quxian2.png) repeat-x 0px center;
    top: -50px;
    left: 0;
    opacity: 0.2;
    animation: quxian2 40s linear infinite;
    -webkit-animation: quxian2 40s linear infinite;
 }
@keyframes quxian1 {
    from {
        background-position: 0px center;
    }
    to {
        background-position: 1920px center;
    }
 }
@keyframes quxian2 {
    from {
        background-position: 0px center;
    }
    to {
        background-position: -1920px center;
    }
 }
```

[项目总结]

本项目主要练习的知识点是 CSS3 自定义动画效果，结合位置定位等知识，实现网站中常见的动态效果。

单元九
响应式网站

案例视频资源

教学导航

知识技能目标

- 掌握响应式网站媒体查询的方法。
- 会制作响应式网站。

教学案例

【基本项目】使用媒体查询制作一个简单的响应式网站。

【应用项目 1】响应式导航条设计。

【应用项目 2】响应式网站框架设计。

【应用项目 3】sugarcoat 动漫响应式网站设计。

重点知识

媒体查询。

【基本项目】使用媒体查询制作一个简单的响应式网站

[项目描述]

本项目通过制作一个在不同终端下背景颜色发生变化的网站来详细讲解媒体查询的使用方法。读者可缩放浏览器观察背景颜色的变化效果。

[前导知识]

1. 响应式 Web 设计——viewport

viewport 是用户网页的可视区域。viewport 翻译为中文可以叫作“视区”。

手机浏览器把页面放在一个虚拟的“窗口”（viewport）中，通常这个虚拟的“窗口”（viewport）比屏幕宽，这样就不用把每个网页都挤到很小的窗口中，用户可以通过平移和缩放来查看网页的不同部分。

（1）设置 viewport

viewport<meta>标签语法如下。

```
<meta name="viewport" content="width=device-width, initial-scale=1.0">
```

（2）属性详解

width：用于控制 viewport 的大小，可以指定一个整数值，如 600 或者特殊的值，如 device-width 为设备的宽度（单位为缩放为 100%时的 CSS 的像素）。

height：与 width 相对应，用于指定 viewport 的高度。

initial-scale：初始缩放比例，即页面第一次加载时的缩放比例。

maximum-scale：允许用户缩放到的最大比例。

minimum-scale：允许用户缩放到的最小比例。

user-scalable：用户是否可以手动缩放。

2. 响应式 Web 设计——媒体查询

（1）定义和使用

使用媒体查询可以针对不同的媒体类型定义不同的样式。

媒体可以针对不同的屏幕尺寸设置不同的样式，特别是在设计响应式页面时，媒体是非常有用的。

当用户重置浏览器的大小时，系统也会根据浏览器的宽度和高度重新渲染页面。

（2）CSS 语法

```
@media mediatype and|not|only (media feature) {
   CSS-Code;
}
```

（3）针对不同的媒体使用不同的 stylesheet

```
    <link rel="stylesheet" media="mediatype and|not|only (media feature)"    href=
"mystylesheet.css">
@media only screen and (max-width: 600px) {
   .example {background: red;}
}
```

[项目分析]

本项目主要练习媒体查询断点设计方法。

（1）小屏幕设备（手机）

```
  /* Small devices (portrait tablets and large phones, 600px and up) */
@media only screen and (min-width: 600px) {
   .example {background: green;}
}
```

（2）中等屏幕设备（平板电脑）

```
/* Medium devices (landscape tablets, 768px and up) */
@media only screen and (min-width: 768px) {
   .example {background: blue;}
}
```

（3）大屏幕设备（PC）

```
/* Large devices (laptops/desktops, 992px and up) */
@media only screen and (min-width: 992px) {
   .example {background: orange;}
}
```

（4）超大屏幕设备（台式计算机屏幕尺寸超过 1200px）

```
/* Extra large devices (large laptops and desktops, 1200px and up) */
@media only screen and (min-width: 1200px) {
   .example {background: pink;}
}
```

[代码实现]

CSS 样式代码如下。

```
@media (max-width: 767px) {
    body {
        background: #000
    }
}
@media (min-width: 768px) {
    body {
        background: red
    }
}
@media (min-width: 992px) {
    body {
        background: green;
    }
}
@media (min-width: 1200px) {
    body {
        background: blue;
    }
}
```

[项目总结]

本项目主要讲解了媒体查询的用法和常用的断点设计方法。<meta name= "viewport" content="width=device-width, initial-scale=1.0">这一段用于控制网站页面宽度为移动设备的宽度。viewport<meta>标签用于指定用户是否可以缩放 Web 页面，如果可以，那么缩放到的最大和最小比例是什么。使用 viewport<meta>标签还表示文档针对移动设备进行了优化。

【应用项目 1】响应式导航条设计

[项目描述]

本项目利用媒体查询，完成响应式导航条设计。PC 端导航条效果如图 9-1 所示。手机端导航条效果如图 9-2 所示。

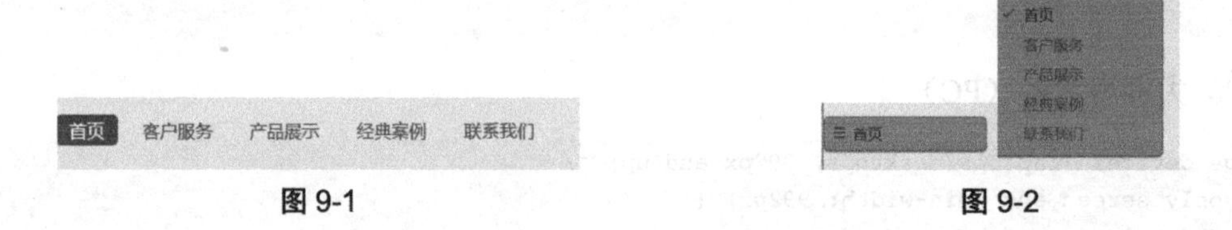

图 9-1　　　　图 9-2

[项目分析]

1. 导航条的结构

导航条使用 ul li a 的 HTML 结构，示例代码如下。

```
<div>
<ul>
    <li>
        <a>首页</a>
    </li>
</ul>
</div>
```

2. 响应式的效果

响应式导航条效果分为两种情况：第一种情况是 PC 端（平板电脑和大屏幕设备）的显示效果为水平导航条；第二种情况是手机端（小屏幕设备）的显示效果为垂直导航条，并且导航条缩小，初始状态只显示一张三条线的小图片和文字“首页”。示例代码如下。

① 第一种情况：平板电脑和大屏幕设备的效果都为水平导航条。

```
@media screen and (min-width: 768px) {
      .nav ul {
          width: 100%;
          text-align: center;
      }
  }
  @media (min-width: 992px) {
      .nav ul {
          width: 100%;
          text-align: left;
      }
}
```

② 第二种情况：小屏幕设备的效果为垂直导航条。

```
@media screen and (max-width: 767px) {
      .nav {
          position: relative;
          min-height: 40px;
      }
      .nav ul {
          width: 180px;
          padding: 5px 0;
          position: absolute;
          top: 0;
          left: 0;
          border: solid 1px #aaa;
          background: #cc0 url(/uploads/user_upload/36477/menu.png) no-repeat 10px 11px;
          border-radius: 5px;
          box-shadow: 0 1px 2px rgba(0, 0, 0, .3);
      }
      .nav li {
          display: none;
          /* hide all  items */

          margin: 0;
```

```
      }
      .nav .current {
         display: block;
         /* show only current
item */
      }
      .nav a {
         display: block;
         padding: 5px 5px 5px 32px;
         text-align: left;
      }
      .nav .current a {
         background: none;
         color: #666;
      }
      /* on nav hover */

      .nav ul:hover {
         background-image: none;
      }
      .nav ul:hover li {
         display: block;
         margin: 0 0 5px;
      }
      .nav ul:hover .current {
         background: url(/uploads/user_upload/36477/check.png) no-repeat 10px 7px;
      }
 }
```

[代码实现]

这里只给出 CSS3 样式代码中水平导航条的实现方法。

CSS 样式代码如下。

```
 * {
    margin: 0;
    padding: 0;
 }
 .nav {
    position: relative;
    margin: 20px 0;
 }
 .nav ul {
    list-style: none;
 }
 .nav li {
    margin: 0 5px 10px 0;
    padding: 0;
    display: inline-block;
 }
 .nav a {
    padding: 3px 12px;
    text-decoration: none;
    color: #999;
    line-height: 100%;
 }
 .nav a:hover {
    color: #d0d0d0;
    background: #cc0;
    border-radius: 5px;
```

```
}
.nav .current a {
    background: #999;
    color: #fff;
    border-radius: 5px;
}
```

[项目总结]

本项目主要练习的知识点是媒体查询，综合使用媒体查询等知识，实现响应式网站的导航条设计。

【应用项目 2】响应式网站框架设计

[项目描述]

本项目制作一个常见的响应式企业网站框架，详细讲解手机端、平板电脑端和 PC 端三个不同设备终端的效果实现方法。PC 端效果如图 9-3 所示。平板电脑端效果如图 9-4 所示。手机端效果如图 9-5 所示。

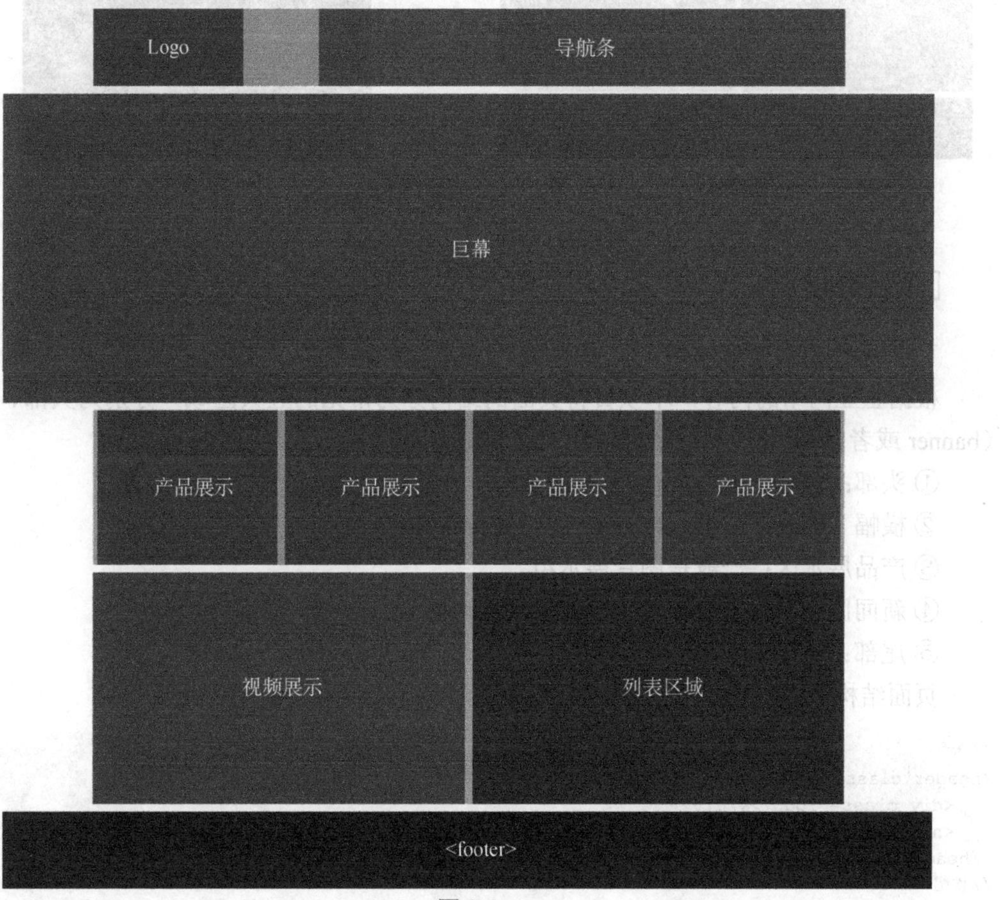

图 9-3

图 9-4

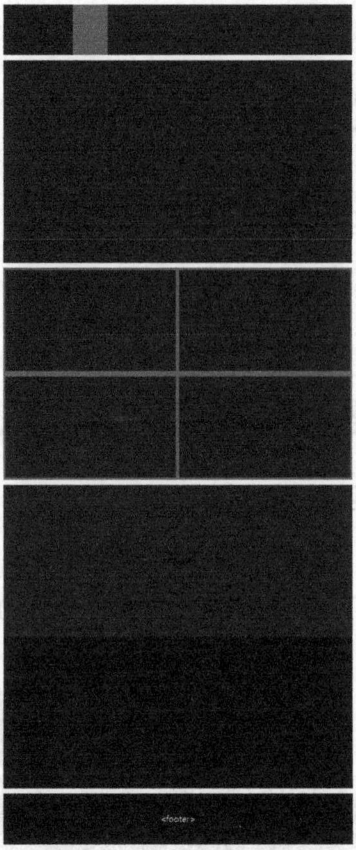

图 9-5

[项目分析]

1. 网站的页面结构分析

根据企业网站的内容，本项目将页面的结构分为常见的五大区域，分别为头部、横幅（banner 或者巨幕）、产品展示区、新闻区和尾部。

① 头部：包括企业 Logo、导航条。

② 横幅（banner 或者巨幕）：一般是宣传图片。

③ 产品展示区：一般是图片展示组。

④ 新闻区：一般是视频宣传区和新闻列表区。

⑤ 尾部：一般是版权信息。

页面结构示例代码如下。

```
//头部
<header class="hd">
   <div class="logo"></div>
   <nav class="nav"></nav>
</header>
//横幅
<div class="banner"></div>
//产品展示区
<div class="pro">
```

```
    <div class="box"></div>
    <div class="box"></div>
    <div class="box"></div>
    <div class="box"></div>
</div>
//新闻区
<div class="news">
    <div class="video"></div>
    <div class="list"></div>
</div>
//尾部
<footer class="ft"></footer>
```

2. 响应式的效果

下面根据五大区域和不同设备分析响应式网站的动态效果。

① 头部。在手机端、平板电脑端和 PC 端，头部区域随着不同设备宽度的变化而变化。

② 横幅（banner 或者巨幕）。在手机端、平板电脑端和 PC 端，横幅区域随着不同设备宽度的变化而变化。

③ 产品展示区。在 PC 端显示的效果是 1 行 4 列；在平板电脑端和手机端显示的效果是 2 行 2 列，并且列宽随着设备宽度的变化而变化。

④ 新闻区。在 PC 端和平板电脑端显示的效果是 1 行 2 列，并且列宽随着设备宽度的变化而变化；在手机端显示的效果是 2 行 1 列，并且列宽随着设备宽度的变化而变化。

⑤ 尾部。在手机端、平板电脑端和 PC 端，尾部区域随着不同设备宽度的变化而变化。

[代码实现]

这里只给出媒体查询代码。

```
@media (max-width: 767px) {
    .hd { width: 100%; }
    .pro { width: 100%;  }
    .pro .box { width: 49%; margin: 5px 0.5}
    .news {width: 100%; }
    .news .video {width: 100%;}
    .news .list {width: 100%;}
}
@media (min-width: 768px) {
    .hd {width: 100%;}
    .pro {width: 80%;}
    .pro .box { width: 49%;margin: 5px 0.5%}
    .news {width: 100%;}
    .news .video {width: 49.5%;}
    .news .list {width: 49.5%; }
}
@media (min-width: 1000px) {
    .hd {width: 1000px; }
    .pro {width: 1000px; }
    .pro .box {width: 240px; margin: 0 5px;}
    .news {width: 1000px; }
    .news .video {width: 495px; }
```

```
    .news .list {width: 495px; }
}
```

[项目总结]

本项目综合使用 HTML5 和 CSS3 的相关知识，实现常见的响应式网站的框架搭建。

【应用项目 3】sugarcoat 动漫响应式网站设计

[项目描述]

本项目模仿突唯阿响应式网站平台的案例展示项目。

本项目主要完成 sugarcoat 响应式网站首页的设计。PC 端效果如图 9-6 所示，手机端效果如图 9-7 所示。

图 9-6

艺术令人感觉世界多元，设计令人感觉世界美好:)

作品案例

图 9-7

[项目分析]

1. 网站的页面结构分析

根据网站的内容，将页面的结构分为四大区域，分别为头部、横幅（banner 或者巨幕）、内容区和尾部。

① 头部：包括 Logo、导航条。

② 横幅（banner 或者巨幕）：包括焦点图片和轮播图片。

③ 内容区：分为两大区域，一是艺术内容区，二是作品案例区。

④ 尾部：版权信息。

页面结构示例代码如下。

```
//头部
<div id="top">
     <header>
         <div class="top_head_img"></div>
         <nav class="top_nav"></nav>
     </header>
    </div>
//横幅，实现图片轮播的功能
<div class="fullSlide">
     <div class="bd">
         <div class="tempWrap" >
             <ul>
                 <li class="clone"><a href="#"><img></a></li>
                 //此处为多张图片
             </ul>
         </div>
     </div>
     <div class="hd">
         <ul>
                 <li class="on">1</li>
                 // 此处为焦点图片的数字按钮
         </ul>
     </div>
     // 此处为前后按钮
     <a class="prev" href="javascript:void(0)"></a>
     <a class="next" href="javascript:void(0)"></a>
</div>>
//内容区
<section class="con">
    <div class="sec_con"></div>
    <div class="sec_pro"></div>
</section>
//尾部
<footer class="ft"></footer>
```

2. 响应式的效果

下面根据四大区域和不同设备分析响应式网站的动态效果。

① 头部。头部分为两种情况：第一种情况是 PC 端（平板电脑和大屏幕设备）的显示效果为水平导航条；第二种情况是手机端（小屏幕设备）的显示效果为垂直导航条，并且

导航条缩小，初始状态只显示一张三角形的小图片和文字“首页”。

② 横幅（banner 或者巨幕）。在手机端、平板电脑端和 PC 端，横幅区域随着不同设备宽度的变化而变化。

③ 内容区。在 PC 端显示的效果是 1 行 4 列；在手机端显示的效果是 1 行 2 列，并且列宽随着设备宽度的变化而变化。

④ 尾部。在手机端、平板电脑端和 PC 端，尾部区域随着不同设备宽度的变化而变化。

[代码实现]

这里主要介绍内容区域的结构。内容区域的上半部分效果如图 9-8 所示。

艺术令人感觉世界多元，设计令人感觉世界美好:)

图 9-8

示例代码如下。

```
<div class="sec_top">
    <header class="content_head">
        <div class="content_head_h">
            <h1>艺术令人感觉世界多元，设计令人感觉世界美好:)</h1>
        </div>
        <div class="content_head_img">
                <ul>
                    <li>
                        <a href="#" shape="circle">
                            <img src="images01.png" alt="同人作品">
                        </a>
                    <h2>同人作品</h2>
                    <p>动画/电影/英剧/美剧等二次创作与 fanbook 合集
                  </p>
                </li>
            </ul>
        </div>
    </header>
</div>
```

内容区域的下半部分效果如图 9-9 所示。

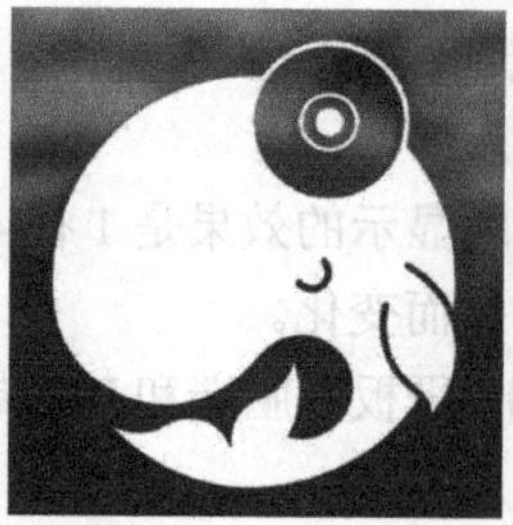

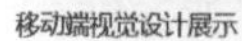

图 9-9

示例代码如下。

```
<div class="sec_bot">
<div class="list_h"><h1>作品案例</h1></div>
<section class="list_ul">
    <ul>
            <li>
                <a href="#" class="sec_ul_img">
                  <img src="images/ case_01.jpg" alt="ONE PIECE FANART">
                </a>
            <a href="#" class="sec_ul_text">ONE PIECE FANART</a>
        </li>
    </ul>
            </section>
</div>
```

[项目总结]

本项目综合使用 HTML5 和 CSS3 的相关知识，实现常见的响应式网站设计。本项目模仿突唯阿响应式网站案例展示。读者可以打开突唯阿响应式案例展示网站，赏析和模仿其中的案例。